Yousef Saleh
Wael A Omar
Mohamed Assem S Marie

Estudos ecotoxicológicos comparativos para avaliar a saúde dos ecossistemas marinhos

Yousef Saleh
Wael A Omar
Mohamed Assem S Marie

Estudos ecotoxicológicos comparativos para avaliar a saúde dos ecossistemas marinhos

ScienciaScripts

Imprint

Any brand names and product names mentioned in this book are subject to trademark, brand or patent protection and are trademarks or registered trademarks of their respective holders. The use of brand names, product names, common names, trade names, product descriptions etc. even without a particular marking in this work is in no way to be construed to mean that such names may be regarded as unrestricted in respect of trademark and brand protection legislation and could thus be used by anyone.

Cover image: www.ingimage.com

This book is a translation from the original published under ISBN 978-3-659-82997-0.

Publisher:
Sciencia Scripts
is a trademark of
Dodo Books Indian Ocean Ltd. and OmniScriptum S.R.L publishing group

120 High Road, East Finchley, London, N2 9ED, United Kingdom
Str. Armeneasca 28/1, office 1, Chisinau MD-2012, Republic of Moldova, Europe
Printed at: see last page
ISBN: 978-620-8-17400-2

Índice:

**Estudos ecotoxicológicos comparativos
para avaliar
a saúde
dos ecossistemas marinhos**
Apresentado por
Yousef Saeed Saleh
Wael A. Omar
Mohamed-Assem S. Marie
**Poluição marinha
2016**

Resumo

O ambiente marinho da costa do Mar Vermelho da República do Iémen está sujeito à contaminação por poluentes, principalmente metais pesados, provenientes de águas residuais domésticas, industriais e agrícolas não tratadas, para além do escoamento durante as estações chuvosas, das actividades de navios e embarcações, do transporte de petróleo, dos derrames de petróleo e da precipitação atmosférica.

O presente estudo avalia os impactos dos metais tóxicos ambientais, no seu estado complexo, em duas espécies comuns de peixes marinhos: *Pomadasys hasta* e *Lutjanus russellii*, recolhidos num local de referência (local 1) em comparação com dois locais poluídos (2 e 3) ao longo da costa do Mar Vermelho, na província de Hodeida, República do Iémen. Foram detectadas concentrações de metais pesados na água, nos sedimentos e nos órgãos vitais de ambas as espécies de peixes estudadas. Além disso, foram calculados o fator de contaminação (CF) e o índice de carga poluente (PLI), bem como o fator de bioacumulação (BAF) e o índice de poluição por metais (MPI) dos metais pesados selecionados nos sedimentos e nos tecidos dos peixes. O índice de perigo (HI) foi também calculado como um indicador dos riscos para a saúde humana associados ao consumo de peixe. São apresentados dados comparáveis relativos aos índices de crescimento dos peixes e aos parâmetros bioquímicos do sangue, bem como às alterações histopatológicas das brânquias, do fígado e dos rins de ambas as espécies de peixes como biomarcadores gerais do estado de saúde dos peixes.

Os parâmetros de qualidade da água e as concentrações de metais pesados (Fe, Cu, Zn, Pb e Cd) nas amostras de água e sedimentos revelaram um aumento significativo entre os locais poluídos. O PLI calculado para os sedimentos indicou que o local 3 era o local mais contaminado, seguido dos locais 2 e 1, respetivamente. Além disso, os metais pesados nos tecidos de ambas as espécies de peixes estudadas revelaram um padrão de bioacumulação específico para cada tecido e para cada espécie. O MPI calculado mostrou que o fígado e o rim são os principais órgãos-alvo dos metais pesados mais estudados em *P. hasta* e *L. russellii*, respetivamente. De todos os metais pesados estudados, o chumbo (Pb) demonstrou a possibilidade de induzir efeitos adversos para a saúde dos consumidores humanos quando o tecido cutâneo de *P. hasta* é consumido apenas a uma taxa de subsistência. Isto não negligencia o facto de os efeitos de risco cumulativos dos metais em conjunto darem um sinal alarmante e de a saúde dos consumidores de peixe estar ameaçada em torno dos locais poluídos estudados.

Os índices de crescimento dos peixes revelaram diferenças significativas no fator de condição (K), no índice hepatossomático (HSI) e no peso do fígado entre os locais. Além disso, as análises bioquímicas sanguíneas revelaram valores significativamente mais elevados de glutationa-S-transferase (GST), malondialdeído (MDA), alanina aminotransferase (ALT), aspartato aminotransferase (AST) e ureia no plasma de ambas as espécies de peixes recolhidos nos locais poluídos, ao passo que os valores de catalase, proteínas totais, albumina e globulina revelaram valores mais baixos em comparação com o local de referência. Foram observadas alterações histopatológicas e danos evidentes nos tecidos das brânquias, do fígado e dos rins de ambas as espécies de peixes recolhidos nos locais poluídos.

Em conclusão, a continuação das descargas industriais, agrícolas e domésticas na costa de Hodeida, no Mar Vermelho, pode constituir uma ameaça tanto para a biota como para a saúde pública. Além disso, *P. hasta* e *L. russellii* provaram ser espécies sentinela adequadas para avaliar os efeitos da poluição num sistema aquático com uma situação complexa e gravemente poluída. Além disso, o presente estudo fornece uma base de referência sobre o estado ambiental na zona estudada.

Palavras-chave: Poluição; Metais pesados; Biomarcadores; Índice de perigo; Mar Vermelho; República do Iémen

Antes de mais, gostaria de dar graças a **Deus** pela realização deste trabalho e por tudo.

Dr. Mohamed-Assem Said Marie, professor de fisiologia ambiental da Faculdade de Ciências da Universidade do Cairo, pela sua valiosa supervisão e encorajamento contínuo. Os meus agradecimentos pela sua paciência, atitude paternal, conselhos valiosos e revisão crítica deste trabalho. Este livro não teria sido possível sem a sua orientação e encorajamento. Tenho muita sorte por ter tido uma oportunidade tão grande de ser um dos seus alunos.

Gostaria de expressar a minha grande gratidão ao *Dr. Wael AbdeL-Moneim Omar,* professor associado de ecologia animal da Faculdade de Ciências da Universidade do Cairo, pelos seus conhecimentos científicos e experiência, conselhos intelectuais, comentários pormenorizados e construtivos, críticas construtivas e excelentes conselhos durante a preparação deste livro. Tenho uma dívida especial para com ele pela sua ajuda ilimitada, excelente orientação e opiniões brilhantes em todos os pormenores durante a redação deste trabalho. Agradeço a Deus por me ter proporcionado este grande orientador.

Não teria podido realizar o meu trabalho de campo e de laboratório sem a ajuda de um certo número de pessoas: *Abdel-Rahman Senan, Yousef Al-Sofiani, Mohamed Al-Sofi, Maher Al-Sabri e Marwan Al-Sabri*. Estou eternamente grato pelo vosso trabalho árduo e pela vossa atitude positiva, apesar dos longos e quentes dias no terreno. Um agradecimento especial ao meu eterno amigo, *Ammar Al-Shamery*, que colaborou comigo para o sucesso da parte prática deste trabalho. Passou por momentos difíceis comigo e fez todos os esforços possíveis para atingir o meu objetivo e concluir este trabalho. Agradeço-lhe do fundo do meu coração e desejo-lhe sorte e sucesso.

Gostaria de agradecer à minha fantástica família, que sempre apoiou a minha educação e sempre me incentivou.

Aos meus pais, estou completamente em dívida para convosco. Nada disto poderia ter acontecido sem o vosso apoio e segurança. Têm sido um farol de luz e inspiração. Para a minha mãe, és uma mulher extraordinária em tudo o que fazes. Agradeço-te por todo o amor e apoio que me tens dado. Para o meu pai, és o melhor pai que alguém poderia desejar. Desde que me lembro, tens-me incentivado a melhorar em todos os aspectos. Agradeço-te todos os dias por tudo o que fizeste por mim. Agradeço-vos por tudo o que sacrificaram para que eu chegasse onde estou e só posso esperar que vos tenha deixado orgulhosos. Amo-vos a ambos mais do que imaginam.

Aos meus filhos Mustafa, Mariam e Momen, obrigada por me fazerem sorrir e aquecerem o meu coração.

Estou muito grato à minha mulher, que fez inúmeros sacrifícios para me proporcionar o tempo de que necessitava para trabalhar num ambiente confortável e concluir este trabalho. Protegeu-me fortemente de tudo o que pudesse afetar negativamente os meus progressos neste estudo. Ela é a peça-chave desconhecida não só neste trabalho, mas também em toda a minha vida. Sinto-me verdadeiramente abençoado por ter uma mulher tão maravilhosa como companheira de vida e como mãe dos meus filhos. A ela, estou-lhe eternamente grato.

Introdução

A República do Iémen está situada na costa sul da Península Arábica. As suas fronteiras terrestres são a Arábia Saudita, a norte, e Omã, a leste. A linha costeira do Iémen estende-se por mais de 2.000 km. As águas do Iémen têm uma grande diversidade de peixes. Foi registado um total de 422 espécies nas águas do Mar Vermelho do Iémen, incluindo 401 espécies de peixes ósseos e 21 espécies de peixes cartilagíneos (Varisco *et al.*, 1992).

O Mar Vermelho é uma bacia longa e estreita com cerca de 2.000 quilómetros de comprimento e uma largura média de 280 quilómetros. Faz fronteira com o Djibuti, o Egito, a Eritreia, a Jordânia, a Arábia Saudita, o Sudão e o Iémen. Tem uma superfície de 458.620 km^2, dos quais 2,33% estão protegidos e inclui 3,8% dos recifes de coral do mundo. É caracterizado por águas densas e salgadas devido à elevada evaporação e às baixas taxas de precipitação, que fazem do Mar Vermelho uma das massas de água mais salinas do mundo (Sofianos e Johns, 2007). O Mar Vermelho é reconhecido como um dos ambientes costeiros e marinhos mais singulares do mundo, no seu papel de importante repositório de biodiversidade marinha, em grande parte através dos seus complexos sistemas de recifes de coral, intercalados com mangais, leitos de ervas marinhas e outros habitats costeiros diversos (Dicks, 1987).

A província de Hodeida está situada na costa do Mar Vermelho e inclui 112 ilhas. Com 21.000 km^2, é a sétima maior província do Iémen em termos de área e a segunda maior em termos de população. Cerca de dois terços da sua população é rural. A nível administrativo, a província tem 26 distritos, 135 subdistritos e 2 304 aldeias. Faz parte das planícies costeiras de Tehama que se situam entre as montanhas e o Mar Vermelho. Faz fronteira com a Arábia Saudita e o Golfo de Aden. O clima é subtropical, com Verões quentes (40°C) e Invernos moderados (24°C).

Esta província tem um enorme potencial para investimentos nos sectores da agricultura, da pecuária e da pesca. É considerada uma das mais importantes zonas agrícolas do Iémen. Apesar destas vantagens comparativas e das oportunidades de apoiar os meios de subsistência locais, a pobreza é generalizada. Cerca de 32% da população de Hodeida vive abaixo do limiar nacional de pobreza (36% nas zonas rurais) e 11% vive abaixo do limiar nacional de pobreza alimentar (13% nas zonas rurais) (Al-Shwafi, 2002).

Durante várias décadas e até agora, Hodeida tem sofrido com o aumento da população, a urbanização e as actividades industriais (Heba e Al-Mudaffer, 2000). A poluição da costa do Mar Vermelho em Hodeida, na República do Iémen, chamou a atenção nas últimas duas décadas. Os enormes aumentos de poluentes, em particular as águas residuais e os efluentes industriais descarregados diretamente na zona costeira, ameaçaram seriamente o ecossistema do Mar Vermelho. Esta poluição é muito provavelmente atribuída a uma série de actividades antropogénicas, especialmente aos efluentes de esgotos e resíduos industriais (Heba *et al.*, 2004). Devido ao rápido crescimento da população e à inadequação das instalações de tratamento e eliminação, os esgotos mal tratados ou não tratados são despejados nas zonas costeiras (Marie *et al.*, 2012). Além disso, os impactos dos efluentes industriais contribuem para as fontes de poluição terrestres que afectam as águas costeiras do Mar Vermelho (Gerges, 2002).

Pomadasys hasta e *Lutjanus russellii* são peixes ósseos marinhos que têm um elevado valor comercial e económico para a população iemenita. São capturados ao longo de todo o ano, principalmente perto da costa, e são espécies de peixes alimentares muito comuns no Iémen (Walczak, 1976 e Heba *et al.*, 2001). Ambas as espécies de peixes habitam águas costeiras pouco profundas em torno de recifes e estuários nas águas marinhas tropicais do Pacífico Indo-Ocidental, Mar Vermelho (Arábia Saudita, Iémen), Golfo de Aden, Índia, sul do Japão e norte da Austrália. Geralmente, *P. hasta* alimenta-se de crustáceos e peixes teleósteos (Deshmukh, 1973), enquanto *L. russellii* se alimenta de invertebrados bentónicos e peixes (Nelson, 1994). Estas duas espécies de peixes residentes foram avaliadas neste estudo de campo comparável.

As concentrações de metais pesados nos ecossistemas aquáticos são normalmente monitorizadas através da medição das suas concentrações na água, nos sedimentos e no biota, que geralmente existem em níveis baixos na água e atingem concentrações consideráveis nos sedimentos e no biota. Os metais pesados, incluindo elementos essenciais e não essenciais, têm uma importância particular na ecotoxicologia, uma vez que são altamente persistentes e todos têm o potencial de serem tóxicos para os organismos vivos (Öztürk *et al.*, 2009).

O biomarcador (marcador biológico) foi definido como uma variação induzida xenobioticamente em componentes ou processos celulares ou bioquímicos, estruturas ou funções que é mensurável num sistema ou amostra biológica (Lam, 2009). Atualmente, a utilização de biomarcadores para monitorizar a qualidade ambiental tem ganho um interesse considerável na avaliação das condições costeiras em muitos locais do mundo (Viarengo *et al.*, 2007). As medições de efeitos sub-organizacionais (fluidos corporais, células ou tecidos) detectam mais rápida e especificamente a presença de vários compostos tóxicos, permitindo a identificação precoce de alterações antes que os efeitos deletérios atinjam níveis de organização mais elevados (Tlili *et al.*, 2010; Jebali *et al.*, 2013).

Embora um número limitado de estudos tenha sido efectuado recentemente para avaliar a poluição por metais na costa de Hodeida, no Mar Vermelho, não foram efectuados anteriormente estudos de biomonitorização utilizando biomarcadores para avaliar a resposta dos peixes residentes expostos a misturas complexas de poluentes presentes nesta zona.

O principal objetivo do presente estudo é realizar um estudo de base sobre o estado da poluição na costa do Mar Vermelho de Hodeida, República do Iémen, através da investigação de vários biomarcadores em duas espécies comuns de peixes marinhos; *Pomadasys hasta* e *Lutjanus russellii*. Além disso, os objectivos do presente estudo são também:

- Fornecer dados comparáveis entre as duas espécies de peixes selecionadas, recolhidas em três locais diferentes ao longo da costa do Mar Vermelho de Hodeida, que sofrem de diferentes pressões ambientais.

- Avaliar as duas espécies de peixes estudadas como bioindicadores de poluição ambiental nos locais estudados utilizando vários biomarcadores.

- Preencher algumas lacunas existentes, tais como: quantidades de metais pesados abundantes (Fe, Cu, Zn, Pb e Cd) que contaminam a água, adsorvidos nos sedimentos e/ou bioacumulados em alguns órgãos selecionados (fígado, rim, brânquias, pele e músculo) das duas espécies de peixes estudadas recolhidas nos três locais estudados e os seus efeitos na saúde dos peixes através da investigação dos mesmos biomarcadores em ambas as espécies de peixes.

- Determinar as concentrações dos metais pesados estudados nos núcleos de sedimentos recolhidos nos três locais estudados. Além disso, foram utilizadas duas abordagens para quantificar a magnitude da poluição dos sedimentos por diferentes metais: o fator de contaminação (CF) e o índice de carga poluente (PLI).

- Esclarecer melhor o impacto da bioacumulação de metais nos tecidos comestíveis dos peixes no perigo para a saúde humana.

- Utilizar os presentes resultados como um estudo de base para futuras investigações.

Capítulo 1

A costa da República do Iémen, que se estende desde a fronteira sul de Omã, no Mar Arábico, até à fronteira da Arábia Saudita, no Mar Vermelho, tem aproximadamente 2500 km de comprimento. O Iémen tem também um grande número de ilhas em todos os seus mares. As águas costeiras do Iémen caracterizam-se pelo seu elevado nível de produção primária e secundária, o que as torna um importante local de alimentação e berçário para as espécies marinhas, onde foram recentemente registadas mais de 600 espécies de peixes e organismos marinhos. A longa linha costeira do Iémen e o seu sistema de arquipélagos insulares constituem o principal recurso natural marinho do país, fornecendo produtos da pesca à população. Além disso, a localização geográfica única do país, no extremo sul da Península Arábica, formando a ponte de ligação entre dois grandes continentes (Ásia e África), dotou o Iémen de uma grande variedade e de um maior número de espécies vegetais e animais, cada vez mais ameaçadas pela expansão das actividades humanas (FAO, 2002).

A província de Hodeida está situada na costa do Mar Vermelho e inclui 112 ilhas. É a sétima maior província do Iémen em termos de área e a segunda maior em termos de população. A nível administrativo, a província tem 26 distritos, 135 subdistritos e 2 304 aldeias. Faz parte das planícies costeiras de Tehama, situadas entre as montanhas e o Mar Vermelho. A província tem um enorme potencial para investimentos nos sectores da agricultura, da pecuária e da pesca. É considerada um dos locais agrícolas mais importantes do Iémen. O sector agrícola apoia uma vasta gama de produção. A criação de animais e a pesca são também actividades económicas importantes e apresentam um potencial de crescimento. Hodeida tem um papel estratégico como capital agroindustrial do Iémen (Heba *et al.*, 2004).

A população da província de Hodeida está económica e socialmente relacionada com o mar. A água do Mar Vermelho é rica em variedades de espécies de peixes, que constituem uma importante fonte de alimentação para a população local. Além disso, os ambientes marinhos da costa de Hodeida, no Mar Vermelho, contribuem substancialmente para os sectores da indústria, do comércio, da navegação, do turismo, da produção de eletricidade e da dessalinização da água. Consequentemente, a introdução de poluentes antropogénicos adicionais no Mar Vermelho pode ser crítica não só para os ecossistemas vulneráveis e frágeis, mas também para a saúde e o bem-estar dos seres humanos (Alkershi e Menon, 2011).

A linha costeira do Mar Vermelho tem sido extensivamente modificada. A dragagem e a recuperação, os efluentes industriais e de esgotos, as descargas de água hipersalina das instalações de dessalinização e a poluição por hidrocarbonetos são exemplos de pressões antropogénicas que contribuem para a degradação ambiental no Mar Vermelho. Estas actividades antropogénicas estão a mobilizar e a descarregar níveis elevados de metais pesados no ambiente marinho do Mar Vermelho (Heba *et al.*, 2000). O lento tempo de renovação da água, de seis anos para a camada superficial e de 200 anos para toda a massa de água, combinado com a sua pequena dimensão, torna o Mar Vermelho particularmente vulnerável à acumulação de poluição (Maillard e Soliman, 1986). Por conseguinte, os poluentes como os metais pesados são susceptíveis de residir no Mar Vermelho durante um período de tempo considerável (Gerges, 2002).

As descargas de águas residuais são as principais fontes de poluição costeira na costa de Hodeida, no Mar Vermelho. Grandes quantidades de efluentes domésticos são descarregadas no ambiente costeiro e marinho. Estes efluentes são caracterizados por um elevado teor de sólidos em suspensão e uma elevada carga de nutrientes como o amoníaco, o nitrato e o fosfato (Heba e Al-Mudaffer, 2000). Os efluentes de esgotos são geralmente acompanhados de poluentes biológicos e químicos, incluindo metais pesados (Al-Muzaini *et al.*, 1999) que podem causar degradação nos ambientes costeiros e marinhos receptores e, subsequentemente, afetar a qualidade da alimentação e da saúde humanas (Singh *et al.*, 2004).

Muitos estabelecimentos industriais de pequena e média dimensão ao longo da costa descarregam os seus efluentes diretamente no mar. Tinta/bateria
As fábricas de produtos químicos, a produção de corantes têxteis e as instalações de dessalinização produzem efluentes não tratados que contêm vários compostos químicos tóxicos e metais pesados descarregados diretamente no mar. Além disso, as fábricas de conservas de peixe e de manutenção de barcos também descarregam os seus efluentes diretamente no mar.

A principal fonte de poluição térmica ao longo da costa de Hodeida provém da água de arrefecimento das centrais eléctricas e da refinaria de petróleo (Alkershi e Menon, 2011). As comunidades podem ser sensíveis à poluição térmica, uma vez que a vida marinha tropical vive geralmente a uma temperatura próxima do máximo e qualquer aumento adicional não pode ser tolerado (Pokale, 2012).

A qualidade da água pode ser descrita em termos da concentração e do estado (dissolvido ou particulado) de alguns ou de todos os materiais orgânicos e inorgânicos presentes na água, juntamente com certas caraterísticas físicas da água (Chatterjee, 1992). Os processos naturais, como a precipitação, a erosão, a meteorização dos materiais da crosta terrestre, bem como as influências antropogénicas, incluindo as actividades urbanas, industriais e agrícolas, determinam a qualidade da água (Morris *et al.*, 1995). As propriedades físico-químicas da água desempenham um papel importante na saúde, abundância e diversidade dos organismos aquáticos que vivem na água (Prasanna e Ranjan, 2010).

A contaminação das águas de superfície com compostos conhecidos e desconhecidos pode representar uma séria ameaça para a saúde pública e para o ecossistema aquático (Summak *et al.*, 2010). O número e a quantidade crescentes de produtos químicos industriais, agrícolas e comerciais descarregados no ambiente aquático conduziram a vários efeitos deletérios nos organismos aquáticos (McGlashan e Hughies, 2001). A vida nas massas de água, ao contrário das condições terrestres, é caracterizada por uma relação mais forte entre os organismos aquáticos e os factores ambientais devido à elevada mobilidade dos poluentes na água (Moiseenko e Kudryavtseva, 2001). Enquanto elemento constitutivo fundamental dos ecossistemas, a água é o recetáculo final de uma série de poluentes (Authman e El-Sehamy, 2007).

O peixe e os seus produtos, que são muito importantes para a dieta humana, têm sido afectados pela poluição antropogénica e por alguns factores ecológicos. Os efeitos biológicos diretos ou indirectos dos poluentes ambientais estão intimamente relacionados com as condições de saúde dos peixes que ocupam diferentes níveis tróficos, pelo que são considerados bioindicadores ideais para a monitorização dos ecossistemas aquáticos. Assim, o estudo de uma população de peixes, tanto individualmente como ao nível da comunidade, fornece dados que contribuem para a formulação de normas de qualidade ambiental e ecológica (Elliott *et al.*, 1988).

O interesse pelos efeitos dos factores de stress ambiental na saúde e na doença dos peixes, bem como de outros organismos aquáticos, aumentou nos últimos anos e, em particular, foram observadas alterações histológicas e celulares em muitas espécies de peixes (Stein *et al.*, 1992; DelValls, 2003), para além dos efeitos tóxicos dos metais pesados que se acumularam nos ecossistemas aquáticos (Fingerman *et al.*, 1998). Assim, os estudos de campo dos efeitos adversos precoces dos contaminantes medidos diretamente nos organismos no seu ambiente natural representam algumas das áreas-alvo dos programas de biomonitorização ambiental (Tigano *et al.,* 2009).

As toxinas de metais pesados têm estado presentes em todos os segmentos da vida humana durante um período de tempo incomensurável, devido à utilização crescente desses compostos. As toxinas de metais pesados podem induzir uma variedade de efeitos adversos na saúde de um indivíduo exposto, tais como efeitos comportamentais, fisiológicos e cognitivos, dependendo do tipo de toxina. Os metais pesados estão omnipresentes na biosfera, onde ocorrem como parte do fundo natural dos produtos químicos. Além disso, os metais pesados são descarregados no meio marinho através de descargas urbanas, agrícolas, mineiras, de combustão e industriais e podem permanecer em solução ou em suspensão e precipitar no fundo ou ser absorvidos pelos organismos, criando assim uma fonte potencial de poluição por metais pesados no meio aquático (Giordano *et al.*, 1991). Deste modo, os metais podem acumular-se em concentrações tóxicas e causar danos ecológicos, sendo subsequentemente transferidos para os seres humanos através da cadeia alimentar (Guven *et al.*, 1999).

O facto de os metais pesados não poderem ser destruídos através da degradação biológica e terem a capacidade de se acumular no ambiente faz com que estes tóxicos sejam prejudiciais para o ambiente aquático e, consequentemente, para os seres humanos que dependem dos produtos aquáticos como fonte de alimentação (Farombi *et al.*, 2007).

O nível de bioacumulação de metais pesados nos tecidos dos peixes é influenciado por factores abióticos e bióticos, tais como o habitat biológico dos peixes, a forma química dos metais na água, a temperatura da água, o valor do pH, o oxigénio dissolvido, a transparência da água, bem como a idade, o sexo, a massa corporal e as condições fisiológicas dos peixes (Has-Schon *et al.*, 2006). Além disso, existem diferenças significativas nas concentrações de elementos entre espécies de peixes relacionadas com a mobilidade do organismo, a preferência alimentar ou o comportamento em relação ao ambiente (Demirezen e Uruc, 2006).

Os peixes encontram-se frequentemente no topo da cadeia alimentar aquática e podem concentrar grandes quantidades de metais em diferentes órgãos, tais como rins, fígado, músculos, brânquias, gónadas e cérebro (Abou-Arab *et al.*, 1995; Gomaa *et al.*, 1995). Nos últimos anos, tem sido dada muita atenção à concentração de metais pesados no peixe e noutros alimentos, a fim de verificar os seus efeitos perigosos para a saúde humana (Moiseenko e Kudryavtseva, 2001; Mansour e Sidky, 2002; Farkas *et al.,* 2003). A contaminação por metais pesados pode causar impactos devastadores no equilíbrio ecológico das massas de água naturais e, consequentemente, perturbar a diversidade dos organismos aquáticos (Farombi *et al.*, 2007; Hayat e Javed, 2008).

O comportamento ambiental dos metais pesados apresenta uma toxicidade direta, embora alguns deles possam ser regulados nos tecidos do organismo em maior ou menor grau; por exemplo, os metais essenciais como o Cu e/ou o Zn podem produzir toxicidade tanto por deficiência como por excesso nos tecidos (Riba *et al.*, 2005). No entanto, os metais são bioacumulados através de mecanismos fisiológicos de absorção altamente específicos que, em geral, não são conducentes à biomagnificação e dependem da forma química do metal e das propriedades do meio circundante (Riba *et al.*, 2003).

Na água, que é o principal meio contaminado, os metais pesados introduzidos são expostos a muitas alterações químicas diferentes, onde surge um elevado grau de variação na concentração de metais. Assim, a análise da água fornece apenas uma visão muito transitória da carga metálica. Os metais insolúveis acabam por atingir o sedimento, onde se ligam a vários componentes do sedimento, como os minerais de argila e a matéria orgânica. Nestes dois meios distintos, a água e o sedimento, o organismo é um componente constantemente ativo no meio aquático que transforma o equilíbrio químico-estático da fase abiótica num estado biologicamente estável (Ibrahim *et al.*, 1999).

A qualidade dos sedimentos tem sido reconhecida como um indicador importante da poluição da água, uma vez que os sedimentos são o principal sumidouro de vários poluentes, incluindo metais pesados descarregados no ambiente (Tam e Wong, 2000; Bettinetti *et al.*, 2003; Ghrefat *et al.*, 2011). Os sedimentos em suspensão adsorvem os poluentes da água, diminuindo assim a sua concentração na coluna de água. Os metais pesados são inertes no ambiente sedimentar e são frequentemente considerados poluentes conservadores (Olivares-Rieumont *et al.*, 2005), embora possam ser libertados para a coluna de água em resposta a certas perturbações (Agarwal *et al.*, 2005), causando uma ameaça potencial aos ecossistemas (Chow *et al.*, 2005; Hope, 2006). Os sedimentos de fundo também fornecem habitats e uma fonte de alimento para a fauna bentónica. Assim, os poluentes podem ser direta ou indiretamente tóxicos para a flora e a fauna aquáticas. Consequentemente, a análise da distribuição de metais pesados nos sedimentos adjacentes a zonas povoadas poderia ser utilizada para investigar os impactos antropogénicos nos ecossistemas e ajudaria na avaliação dos riscos colocados pelas descargas de resíduos humanos (Hu *et al.*, 2002; de Mora *et al.*, 2004; Zheng *et al.*, 2008; Yi *et al.*, 2011).

A relação entre o teor de metais pesados na água e nos sedimentos e os diferentes órgãos dos peixes pode constituir um quadro para a utilização dos peixes como marcador biológico da contaminação por metais pesados. A poluição por metais pesados no ecossistema aquático não só afecta a qualidade e a quantidade de peixe, como também afecta o consumidor (Anwar *et al.*, 2001). Por conseguinte, Sankar *et al.* (2006) afirmaram que "é muito importante que uma documentação cuidadosamente planeada, tendo em conta as possíveis variáveis, seja essencial para gerar uma base de dados fiável sobre os níveis destes tóxicos nos organismos aquáticos".

As concentrações médias de oito metais pesados em amostras de água e sedimentos da costa do Mar Vermelho de Hodeida, República do Iémen, foram determinadas por Heba *et al.* (2004). Verificaram que o Fe e o Ni eram os metais mais acumulados nos sedimentos e na água, respetivamente. No entanto, afirmaram que os seus resultados eram ainda inferiores aos registados noutros mares. Além disso, Heba *et al.* (2005) investigaram a distribuição de sete metais vestigiais, nomeadamente Zn, Mn, Cd, Cu, Co, Ni e Pb, na tainha e noutras espécies de peixes comerciais ao longo da costa de Hodeida, no Mar Vermelho. As suas conclusões indicaram que os valores de metais vestigiais observados se encontravam dentro da gama aceitável a nível mundial e eram inferiores aos relatados noutros locais.

As concentrações de Zn, Pb, Ni, Mn, Fe, Cu, Cr, Co e Cd nos músculos, fígados, brânquias, gónadas e estômagos de onze espécies de peixes comuns do Golfo de Aqaba, Mar Vermelho, foram estimadas por Abu Hilal e Ismail (2008). Türkmen *et al.* (2009) determinaram os níveis de Cd, Co, Cr, Cu, Fe, Mn, Ni, Pb e Zn em doze espécies de peixes dos mares Egeu e Mediterrâneo. Yilmaz *et al.* (2007) mediram as concentrações de Cd, Co, Cu, Fe, Mn, Ni, Pb e Zn nos músculos, brânquias e fígados de duas espécies de peixes (*Leuciscus cephalus* e *Lepomis gibbosus*) capturados em Saricay, no sudoeste da Anatólia, Turquia. Os resultados indicaram que as concentrações de metais se encontravam dentro dos limites aceitáveis propostos pela FAO/OMS e pelos códigos alimentares turcos e que eram seguras para consumo humano nas partes comestíveis das espécies de peixe daquela região.

O ferro é um dos metais mais abundantes na crosta terrestre. Encontra-se na água doce natural em níveis que variam de 0,5 a 50 mg/l. O ferro pode também estar presente na água potável como resultado da utilização de coagulantes de ferro ou da corrosão de tubagens de aço e ferro fundido durante a distribuição da água. O ferro é um elemento essencial na alimentação humana. As estimativas das necessidades diárias mínimas de ferro dependem da idade, do sexo, do estado fisiológico e da biodisponibilidade do ferro. O Fe^{2+} é geralmente absorvido pelo trato gastrointestinal mais rapidamente do que o Fe^{3+}, provavelmente devido à sua maior solubilidade. Além disso, os quelantes alimentares podem aumentar ou reduzir a formação de complexos insolúveis com iões Fe^{2+} e, assim, afetar a absorção de Fe^{2+}. Por exemplo, o EDTA aumentou significativamente a biodisponibilidade do Fe^{2+} no pão; em contrapartida, os fitatos podem formar complexos insolúveis no pH do lúmen intestinal que não são absorvidos. Na presença de fitase, o Fe inorgânico^{2+} é libertado e fica então disponível para absorção como um catião divalente (Whittaker *et al.*, 2002; Windisch, 2002; Hurrell *et al.*, 2003).

Os processos físico-químicos que afectam as várias formas químicas do ferro nas águas superficiais são extremamente complexos. A relação entre a concentração total de ferro e o ião ferroso biodisponível (Fe^{2+}) varia de local para local devido a uma série de variáveis abióticas e bióticas, incluindo pH, temperatura, redox, conteúdo húmico e concentração de cloreto. Dada esta variabilidade, é evidente que qualquer valor numérico baseado numa única espécie iónica de ferro é difícil de defender (Davison e DeVitre, 1982).

Dado que o ferro ferroso é solúvel e o ferro férrico (Fe^{3+}) é essencialmente insolúvel (<1 pg/l a pH 7) em sistemas naturais (o ferro ferroso hidrolisa-se primeiro e depois polimeriza-se em colóides de oxi-hidróxido de ferro em sistemas naturais), um critério para o ferro deve basear-se na toxicidade do Fe biodisponível^{2+} para os organismos aquáticos de ensaio. Infelizmente, poucos estudos determinaram a toxicidade do Fe^{2+} para os organismos aquáticos de teste. Os poucos dados existentes indicam que esta forma de ferro não é altamente tóxica para a vida aquática, nem ocorre normalmente em níveis elevados na maioria das águas naturais (Loeffelman *et al.*, 1986).

O cobre está muito disseminado no ambiente. Cerca de 640.000.000 quilogramas de cobre foram libertados para o ambiente pelas indústrias (ATSDR, 2004). O cobre pode entrar no ambiente através de libertações provenientes da exploração mineira e de fábricas que produzem ou utilizam cobre metálico ou compostos de cobre. O cobre também pode entrar no ambiente através de descargas de resíduos, águas residuais domésticas, combustão de combustíveis fósseis e resíduos, produção de madeira, produção de fertilizantes fosfatados e fontes naturais (por exemplo, poeiras sopradas pelo vento, vulcões, vegetação em decomposição, incêndios florestais e pulverização marítima) (ATSDR, 2004).

O cobre é um elemento essencial, mas concentrações elevadas parecem ser tóxicas para os organismos de água doce, induzindo stress oxidativo no fígado do peixe-espada (*Gasterosteus aculeatus*) (Sanchez *et al.*, 2005), lipidose hepática acentuada em *Oreochromis niloticus* (Shaw e Handy, 2006), perturbação da regulação iónica em *Prochilodus scrofa* (Carvalho e Fernandes, 2006).

Nemcsok e Boross (1982) registaram diferenças no efeito prejudicial de 10 ppm de sulfato de cobre em três espécies de peixes, carpa prateada, *Hypothalamichthys molitrix*; carpa comum, *Cyprinus carpio* e enguia europeia, *Silurus glanis* L. Relataram que as enguias toleravam bem a poluição por metais, enquanto a carpa e a carpa prateada eram muito sensíveis a este stress ambiental. Além disso, Hilmy *et al.* (1987) referiram que a *Tilapia zillii* é mais suscetível à toxicidade dos metais pesados do que a *Clarias lazera*.

O zinco é um dos elementos mais comuns na crosta terrestre. O zinco encontra-se no ar, no solo e na água. Na sua forma elementar pura (ou metálica), o zinco é um metal branco-azulado e brilhante. O zinco metálico tem muitas utilizações na indústria. Uma utilização comum do zinco é o revestimento de aço e ferro, bem como de outros metais, para evitar a ferrugem e a corrosão no processo de galvanização. O zinco metálico é também misturado com outros metais para formar ligas como o latão e o bronze ou utilizado para fabricar baterias de pilhas secas (ATSDR, 2005).

O zinco é um oligoelemento essencial que se encontra em praticamente todos os alimentos e na água potável sob a forma de sais ou complexos orgânicos. A dieta é normalmente a principal fonte de zinco. Embora os níveis de zinco nas águas superficiais e subterrâneas não excedam normalmente 0,01 e 0,05 mg/l, respetivamente, as concentrações na água da torneira podem ser muito mais elevadas como resultado da dissolução do zinco das tubagens (OMS, 2008).

O zinco está presente no plasma sanguíneo, nos eritrócitos, nos leucócitos e nas plaquetas, mas está principalmente localizado nos eritrócitos (87% dos quais na anidrase carbónica, o principal local de ligação) (Ohno *et al.*, 1985). Foi demonstrado que a deficiência de zinco diminui a capacidade dos eritrócitos para resistir à hemólise *in vitro*. Este facto sugere que o zinco estabiliza a membrana dos eritrócitos. No plasma, dois terços do zinco estão ligados à albumina; o restante está ligado principalmente à a2-macroglobulina (Wastney *et al.*, 1986; Bentley e Grubb, 1991). O zinco bioconcentra-se moderadamente nos organismos aquáticos, sendo esta bioconcentração mais elevada nos crustáceos e nas espécies de bivalves do que nos peixes (Ramelow *et al.*, 1989).

O chumbo ocorre naturalmente no ambiente. No entanto, a maior parte dos níveis elevados encontrados no ambiente provêm das actividades humanas. Os níveis ambientais de chumbo aumentaram mais de 1.000 vezes nos últimos três séculos em resultado das actividades humanas. O maior aumento ocorreu entre os anos 1950 e 2000, devido à crescente utilização mundial de gasolina com chumbo. O chumbo pode entrar no ambiente através de libertações provenientes da extração de chumbo e de outros metais e de fábricas que produzem ou utilizam chumbo, ligas de chumbo ou compostos de chumbo. O chumbo é libertado para a atmosfera durante a queima de carvão, petróleo ou resíduos (ATSDR, 2007).

As principais fontes de libertação de chumbo no meio aquático são as indústrias do aço e do ferro e as operações de produção e transformação de chumbo. O escoamento urbano e a deposição atmosférica são fontes indirectas significativas de chumbo presentes no ambiente aquático. O chumbo que chega às águas superficiais é absorvido pelos sólidos em suspensão e pelos sedimentos (USEPA, 1982). A idade de uma casa ou edifício e o tipo de canalização instalada serão um fator importante no que diz respeito aos níveis de chumbo na água potável (USEPA, 2005b).

O chumbo é um elemento tóxico acumulado que não tem qualquer efeito nutricional benéfico ou desejável conhecido nos peixes ou noutros animais (Holcombe *et al.*, 1976). Tem uma grande afinidade com ligandos que contêm tiol e fosfato e inibe a biossíntese do heme. Afecta também a permeabilidade das membranas dos rins, do fígado e das células cerebrais e prejudica as suas funções ou danifica completamente estes órgãos (Forstner e Wittmann, 1983).

A toxicocinética e o comportamento toxicológico do chumbo podem ser afectados por interações com elementos e nutrientes essenciais (Mushak e Crocetti, 1996). Nos seres humanos, o comportamento interativo do chumbo e de vários factores nutricionais é particularmente significativo para as crianças, uma vez que este grupo etário não só é sensível aos efeitos do chumbo, como também sofre as maiores alterações no estado nutricional relativo. As deficiências nutricionais são especialmente pronunciadas em crianças de nível socioeconómico mais baixo; no entanto, as crianças de todos os estratos socioeconómicos podem ser afectadas.

O cádmio ocorre na crosta terrestre numa concentração de 0,1 a 0,5 ppm e está normalmente associado a minérios de zinco, chumbo e cobre. É também um constituinte natural da água dos oceanos com níveis médios entre < 5 e 110 ng/l, com níveis mais elevados registados perto de zonas costeiras e em fosfatos e fosforitos marinhos. A concentração de cádmio nas águas superficiais naturais e nas águas subterrâneas é geralmente inferior a 1 gg/l. As concentrações no solo superficial dependerão de vários factores, como a sua mobilidade, a geoquímica natural e a magnitude da contaminação por fontes como os fertilizantes e a deposição atmosférica. As emissões naturais de cádmio para o ambiente podem resultar de erupções vulcânicas, incêndios florestais, produção de aerossóis de sal marinho ou outros fenómenos naturais (ATSDR, 2008).

No ambiente, o cádmio existe apenas num estado de oxidação (Cd^{+2}) e não sofre reacções de oxidação-redução. Nas águas superficiais e subterrâneas, o cádmio pode existir como ião hidratado ou como complexos iónicos com outras substâncias inorgânicas ou orgânicas. As formas solúveis de cádmio podem migrar na água. As formas insolúveis de cádmio depositam-se e adsorvem-se aos sedimentos. O destino do cádmio no solo depende de vários factores, como o pH do solo e a disponibilidade de matéria orgânica. Em geral, o cádmio liga-se fortemente à matéria orgânica, o que, na maior parte dos casos, o imobiliza. No entanto, o comportamento do cádmio no solo varia consoante as condições ambientais. Não é provável que o cádmio sofra transformações significativas na atmosfera. Existirá na forma de partículas e, por vezes, na forma de vapor (emitido por processos a alta temperatura), onde será transportado pela atmosfera e acabará por se depositar nos solos e nas águas de superfície (ATSDR, 2008). O ião cádmio (Cd^{+2}) liga-se a grupos aniónicos (especialmente grupos sulfidrilo) em proteínas (especialmente albumina e metalotioneína) e outras moléculas (Nordberg *et al.*, 1985). O cádmio no plasma circula principalmente ligado à metalotioneína e à albumina (Foulkes e Blanck, 1990).

O cádmio pode ser libertado para a água por processos naturais de meteorização, por descargas de instalações industriais ou de estações de tratamento de águas residuais, por deposição atmosférica, por lixiviação de aterros sanitários ou do solo, ou por fertilizantes fosfatados. Estima-se que a fundição de minérios de metais não ferrosos seja a maior fonte antropogénica de cádmio libertado para o ambiente aquático. A contaminação por cádmio pode resultar da entrada nos aquíferos de águas de drenagem de minas, de águas residuais, de transbordamento de bacias de decantação e de escorrências de águas pluviais das zonas mineiras. A precipitação atmosférica de cádmio nos sistemas aquáticos é outra fonte importante de cádmio para o ambiente (IARC, 1993).

Os metais podem entrar na rede alimentar através do consumo direto de água ou de organismos ou através de processos de absorção, e ser potencialmente acumulados em peixes comestíveis e noutros animais selvagens (Paquin *et al.*, 2003). Embora o peixe seja uma parte importante da dieta humana porque tem um elevado teor de proteínas, baixo teor de gorduras saturadas e também contém ácidos gordos ómega conhecidos por contribuírem para uma boa saúde (Dural *et al.*, 2007; Rahman *et al.*, 2012), a bioacumulação de metais pesados no peixe tornou-se uma questão importante a nível internacional, não só devido à ameaça para os peixes, mas também devido aos riscos para a saúde associados ao consumo de peixe. As preocupações com estas questões estão a crescer, dia após dia, a nível global, particularmente nas regiões em desenvolvimento do mundo (Chen *et al.*, 2011).

A avaliação de riscos é um processo científico através do qual se consegue quantificar os potenciais perigos ambientais para a saúde humana. Este processo utiliza os instrumentos da ciência, da engenharia e da estatística para identificar e medir um perigo, determinar possíveis vias de exposição e, finalmente, utilizar essa informação para calcular um valor numérico que represente o risco potencial. A avaliação dos riscos tem desempenhado um papel significativo nos esforços de proteção do ambiente e da saúde pública e a sua utilização tem sido aplicada em vários domínios técnicos, como a toxicologia, a higiene industrial, a segurança no trabalho, a avaliação do impacto ambiental, os estudos de fiabilidade da engenharia, a previsão meteorológica, a epidemiologia e as ciências sociais e comportamentais (Cohrssen e Covello, 1989).

A principal via de exposição a estes contaminantes é através dos alimentos, e os grupos de maior risco são as mulheres grávidas, as crianças e os pescadores de subsistência, devido ao seu consumo de peixe contaminado (USEPA, 2007). Por conseguinte, foram efectuados estudos a nível mundial sobre as diferentes espécies de peixes para determinar a sua contaminação por metais pesados e o risco para a saúde humana (Cheung *et al.*, 2008; Roach *et al.*, 2008; Lin, 2009; Bhattacharyya *et al.*, 2010; Kumar *et al.*, 2010a; Malik *et al.*, 2010; Mol *et al.*, 2010; Anim *et al.*, 2011; Laar *et al.*, 2011).

A pesca de subsistência pode ser um meio significativo de exposição dos indivíduos a metais tóxicos e compostos orgânicos. Os pescadores de subsistência são indivíduos que consomem peixe numa base frequente e dependem do peixe como principal fonte de proteínas na sua alimentação. Para além destes factores, os pescadores de subsistência pescam frequentemente durante todo o ano, consomem mais peixe capturado por eles próprios e consomem mais peixe em cada refeição, consumindo, por exemplo, a pele e/ou os órgãos internos (USEPA, 2007).

Existe um interesse internacional crescente na utilização da avaliação do risco dos nutrientes para identificar os níveis máximos de ingestão de nutrientes e substâncias afins. Algumas substâncias nutrientes podem produzir efeitos adversos para a saúde se a ingestão exceder uma determinada quantidade. A avaliação do risco dos nutrientes é relevante para estas preocupações. Oferece uma abordagem científica para identificar e caraterizar o potencial de uma substância nutritiva para causar um efeito adverso para a saúde numa (sub)população. Por conseguinte, a avaliação do risco dos nutrientes é pertinente para a proteção da saúde pública e para a prática da definição de normas internacionais com base científica para os alimentos, suplementos e outros produtos relacionados. Além disso, embora vários organismos nacionais/regionais tenham efectuado trabalhos sobre a avaliação do risco dos nutrientes, não foi identificado um modelo aplicável internacionalmente (FAO/OMS, 2006).

As substâncias químicas que suscitam preocupação numa avaliação de riscos enquadram-se numa de duas categorias, não cancerígenas ou cancerígenas, o que determina o procedimento de avaliação da substância química e de cálculo dos riscos potenciais. Presume-se que as substâncias químicas não cancerígenas têm um limiar, uma dose abaixo da qual não serão observados efeitos adversos para a saúde. Este nível sem efeitos adversos observados (NOAEL) é uma dose específica registada em estudos com animais de laboratório que não apresenta efeitos adversos para a saúde abaixo da dose e que apresenta efeitos adversos para a saúde acima dessa dose (USEPA, 1997). Também faz parte da análise da dose-resposta o valor denominado nível de efeito adverso mais baixo observado (LOAEL). O LOAEL é a dose mais baixa de uma substância química em que se regista uma resposta adversa. Uma parte essencial da parte da dose-resposta de uma avaliação de risco inclui a utilização de uma dose de referência (RfD). A DRf baseia-se em dados toxicológicos de estudos em animais e marca a exposição diária média mais elevada ao longo da vida que não se espera que cause efeitos adversos na saúde humana (USEPA, 2000).

Ao contrário dos não cancerígenos, presume-se que os cancerígenos não têm um limiar efetivo. Este pressuposto implica que existe um risco de desenvolvimento de cancro com exposições a doses baixas e, por conseguinte, não existe um limiar seguro para a exposição a substâncias químicas cancerígenas (USEPA, 2005a). Como é o caso nos estudos efectuados por Tchounwou *et al.* (1996) e Burger *et al.* (2007), os valores de risco para os químicos analisados não representavam riscos inaceitáveis a taxas de ingestão médias, mas o risco aumentava muito quando o peixe era ingerido a uma taxa de subsistência. A tendência dos pescadores de subsistência para pescar durante todo o ano, consumir mais peixe capturado por eles próprios e consumir mais peixe em cada refeição torna-os mais vulneráveis a efeitos adversos para a saúde.

Os efeitos adversos para a saúde são definidos como uma alteração na morfologia, fisiologia, crescimento, desenvolvimento, reprodução ou tempo de vida de um organismo, sistema ou (sub) população que resulta numa diminuição da capacidade funcional, numa diminuição da capacidade de compensar o stress adicional ou num aumento da suscetibilidade a outras influências (IPCS, 2004). A identificação dos efeitos adversos para a saúde está na base da avaliação dos riscos dos nutrientes, incluindo o estabelecimento de um limite superior tolerável de ingestão. De acordo com a definição anterior, se níveis elevados de ingestão de uma substância resultarem em qualquer uma destas alterações, a alteração pode ser considerada "adversa".

Como tal, os efeitos adversos para a saúde podem variar desde efeitos ligeiros e reversíveis, como a diarreia osmótica, até efeitos potencialmente fatais, como neuropatia ou lesões hepáticas (FAO/OMS, 2006).

As substâncias tóxicas na água podem afetar o crescimento dos peixes, alterando diretamente o metabolismo e aumentando a energia necessária para manter a homeostase, ou podem ter um impacto indireto no crescimento, reduzindo a disponibilidade de alimentos (Bervoets e Blust, 2003).

A avaliação dos índices de crescimento é um dos métodos mais diretos para estudar os efeitos da contaminação da água nos peixes, devido à facilidade de reconhecimento e exame quando comparado com outros tipos de biomarcadores (Peter *et al.*, 2009). Os índices brutos de saúde, como o fator de condição, têm sido aceites como indicadores integrativos da saúde dos peixes e reflectem as condições de alimentação, o consumo de energia e o metabolismo, bem como a capacidade dos animais para tolerar desafios tóxicos ou outras tensões ambientais (Schulz e Martins-Junior, 2001; Alberto *et al.*, 2005). A utilização de índices de estado e de crescimento para comparar a qualidade dos habitats dos viveiros baseia-se no pressuposto de que estes índices reflectem o habitat em que os peixes vivem. Assim, poucos estudos tentaram avaliar diretamente a qualidade do habitat e comparar diferentes locais utilizando esses índices (Mayer *et al.*, 1992; Gilliers *et al.*, 2004).

O fator de condição indica os efeitos gerais da poluição nos peixes e não dá informações sobre as respostas específicas às substâncias tóxicas nos meios (Van der Oost *et al.*, 2003). Embora este parâmetro não seja muito sensível e possa ser afetado por factores não poluentes (por exemplo, estação do ano, doença, nível nutricional), serve como um biomarcador de rastreio inicial para indicar a exposição e os efeitos ou para fornecer informações sobre as reservas de energia (Mayer *et al.*, 1992).

Linde-Arias *et al.* (2008) utilizaram os valores do fator de condição como fornecedor de informação sobre potenciais impactos de poluição. Este estudo mostrou que os valores do fator de condição variaram significativamente entre os locais. É digno de nota que os peixes da área mais degradada apresentaram os valores mais baixos do fator de condição. Além disso, Ameur *et al.* (2012) relataram que o aumento da poluição da lagoa costeira de Bizerte reduziu os valores dos factores de condição da tainha, *Mugil cephalus* e robalo, *Dicentrarchus labrax*.

Burke *et al.* (1993) verificaram uma diminuição dos índices de crescimento e de estado da corvina do Atlântico, *Micropogonias undulates,* entre diferentes estações estuarinas ao longo de um gradiente de poluição. Able *et al.* (1999) concluíram que as estruturas artificiais têm um impacto potencial na qualidade do habitat, avaliando as taxas de crescimento dos juvenis de solha-das-pedras, *Pseudopleuronectes americanus*. Vila-Gispert *et al.* (2000) discriminaram habitats de qualidade diferente utilizando índices morfométricos do estado do barbilhão do Mediterrâneo, *Barbus meridionalis*. Llorel e Planes (2003) encontraram melhores índices de condição para a dourada, *Diplodus sargus,* em zonas protegidas de reservas marinhas. Gilliers *et al.* (2006) estudaram as diferenças nos índices de crescimento e de estado dos juvenis de linguado, *Solea solea* L., provenientes de diferentes habitats aquáticos e relacionaram essas diferenças com a qualidade do habitat, os impactos antropogénicos e/ou a temperatura da água. Grund *et al.* (2010) avaliaram o estado de saúde dos peixes no alto rio Danúbio utilizando o fator de condição como indicador integrador do estado geral dos peixes.

Um dos índices metabólicos mais importantes nos peixes é o índice hepatossomático. O índice hepatossomático (HSI) é a relação entre o peso do fígado e o peso total do corpo (Schreck e Moyle, 1990). É uma indicação do estado do fígado (Weatherley e Gill, 1987). Sabe-se que muitos peixes armazenam quantidades significativas de glicogénio no fígado (Hoar e Randall, 1971). Assim, as alterações da quantidade de glicogénio e de água armazenada no fígado provocam, pelo menos em algumas espécies, uma alteração significativa do peso do fígado (Heidinger e Crawford, 1977), o que se reflecte no índice hepatossomático (Gill e Weatherley, 1984; El-Naggar *et al.*, 1998; Zaghloul, 2000).

Cazenave *et al.* (2009) revelaram uma diminuição do valor de HSI em *Prochilodus lineatus* recolhidos na bacia do rio Salado que receberam diferentes efluentes urbanos, industriais e agrícolas. Além disso, Messaoudi *et al.* (2009) observaram uma diminuição do HSI em peixes marinhos, *Salaria basilisca*, expostos ao cádmio. Traven *et al.* (2013) mostraram que o HSI no robalo, *Dicentrarchus labrax*, enjaulado numa saída de águas residuais de uma refinaria de petróleo era inferior ao das amostras do local de referência.

Várias moléculas biológicas e actividades enzimáticas indicam a exposição de um organismo a poluentes (biomarcadores de exposição) e/ou a magnitude da resposta de um organismo a um poluente (biomarcadores de efeitos).

O stress oxidativo é um denominador comum à maioria das condições fisiopatológicas (Ruas *et al.*, 2008).

Os biomarcadores do stress oxidativo respondem a uma vasta gama de contaminantes e, por conseguinte, oferecem o potencial para avaliar os efeitos integrados das misturas de contaminantes (Tsangaris *et al.*, 2011). Em geral, a maioria dos compostos xenobióticos ambientais aumenta a produção de espécies reactivas de oxigénio (ROS). Sabe-se que os metais tóxicos causam stress oxidativo resultante da produção descontrolada de ERO induzida pelo metal ou que se verifica um estado de desequilíbrio entre as defesas antioxidantes e a produção de ERO nos organismos vivos (Nishida, 2011). Embora a maioria dos ERO seja nociva em concentrações mais elevadas, alguns deles estão envolvidos em importantes moléculas de sinalização (Apel e Hirt, 2004). Os ERO não significam apenas radicais livres, mas incluem também moléculas como o radical superóxido (-Or), o radical hidroperoxilo ($^{\wedge}HO2$), o radical peroxilo (ROO) e o radical alcoxilo (RO), para além dos não-radicais, nomeadamente o peróxido de hidrogénio (H2O2) e o oxigénio singlete (^{1}O2) (Ahmad *et al.*, 2000; Barata *et al.*, 2005).

A produção de ROS nos peixes pode ser influenciada pelas variações na concentração de oxigénio dissolvido no ambiente aquático (Ross *et al.*, 2001), pela salinidade da água (Kolayli e Keha, 1999; Martinez-Alvarez *et al*, 2002), do estádio de desenvolvimento (Rudneva, 1999), de desafios nutricionais (Kiron *et al.*, 2004; Morales *et al.*, 2004; Puangkaew *et al.*, 2005) e/ou da presença de stress físico ou de xenobióticos como os metais pesados (Lindstrom-Seppa *et al.*, 1996; Tort *et al.*, 1996).

Normalmente, existe um equilíbrio entre a taxa de produção e de eliminação dos ERO. Se este equilíbrio for perturbado, os produtos deste metabolismo alteram o metabolismo normal das células, causando stress oxidativo. A peroxidação lipídica (LPO), o principal responsável pela perda de função celular, os danos no ADN, a inativação enzimática e a oxidação hormonal são indicadores de danos celulares oxidativos e exemplos de mecanismos tóxicos de ROS induzidos por contaminantes que estão envolvidos em processos patológicos e na etiologia de muitas doenças dos peixes (Kehrer, 1993). Por conseguinte, deve ser mantido o equilíbrio entre a produção e a eliminação de ERO, a fim de evitar perturbações metabólicas ou explosões oxidativas (Sevcikova *et al.*, 2011). Para fazer face a esta situação, os peixes, tal como os mamíferos, possuem defesas antioxidantes enzimáticas, como a superóxido dismutase (SOD), a catalase (CAT), a glutationa-S-transferase (GST) e a glutationa-peroxidase (GPx), bem como sistemas antioxidantes não enzimáticos, como o glutatião reduzido (GSH), a vitamina E e o ascorbato (AsA) (Storey, 1996; Droge, 2002). Tanto os sistemas enzimáticos como os não enzimáticos têm sido utilizados como potenciais biomarcadores do stress oxidativo, uma vez que têm sido amplamente relatados como protectores contra as ERO e os seus produtos de reação - anomalias resultantes em peixes expostos a vários contaminantes ambientais, incluindo metais tóxicos (Parvez *et al.*, 2003; Pandey *et al.*, 2008; Vinodhini e Narayanan, 2009; Atli e Canli, 2010; Sevcikova *et al.*, 2011; Cao *et al.*, 2012).

Os biomarcadores de stress oxidativo têm sido aplicados em várias espécies de peixes para avaliação da poluição em portos e zonas costeiras influenciadas por várias actividades antropogénicas (McFarland *et al.*, 1999; Stephensen *et al.*, 2000; Ferreira *et al.*, 2005; Amado *et al.*, 2006; Oliveira *et al.*, 2010).

Pereira *et al.* (2009a) mostraram uma elevada atividade da GST em *Carcinus maenas* de um sistema costeiro eutrófico e contaminado por metais. Dabas *et al.* (2011) relataram que *Channa punctatus* exposta a Cd^{2+} (6,7, 13,4 e 20,1 mg/l) durante vários períodos de tempo (24, 48, 72 e 96 h) apresentou níveis aumentados de peroxidação lipídica, bem como actividades de SOD e GST, enquanto a atividade de catalase diminuiu. Além disso, Parthiban e Muniyan (2011) observaram um aumento do nível de peroxidação lipídica e uma diminuição do nível de glutatião reduzido (GSH), da glutatião peroxidase (GPx), da catalase e da superóxido dismutase (SOD) no fígado de *Cirrhinus mrigala* exposto ao níquel.

Além disso, foi observado um aumento do nível de MDA, bem como das actividades de GST, catalase e SOD no barbo, *Barbus bocagei*, capturado no rio Vizela, Portugal, exposto a efluentes urbanos e industriais contínuos (Peixoto *et al.*, 2013).

No estudo de Atli *et al.* (2006), *Oreochromis niloticus* exposto a 0,1, 0,5, 1,0 e 1,5 mg/l de Ag^{+}, Cd^{2+}, Cu^{2+}, Cr^{6+} e Zn^{2+} durante 96 h mostrou uma redução na atividade da catalase. Os tecidos do fígado, dos rins e das brânquias do murro de água doce, *Channa punctatus*, expostos a CdCl2 durante 96 h, apresentaram um aumento das suas actividades de GST quando comparados com os respectivos controlos (Dabas *et al.*, 2011). Do mesmo modo, *Dicentrarchus labrax, Solea senegalensis e Pomatoschistus microps* recolhidos na Ria de Aveiro e no Tejo da costa portuguesa, que está altamente contaminada com Cu, Zn, Ni, Pb e Cr, apresentaram um aumento significativo dos níveis de GST nos peixes capturados (Fonseca *et al.*, 2011). Além disso, Oliva *et al.* (2012) avaliaram o impacto da poluição por metais pesados nos biomarcadores de stress oxidativo do linguado do Senegal, *Solea senegalensis,* e encontraram níveis elevados de peroxidação lipídica, bem como actividades de GST e glutationa redutase, enquanto a atividade da catalase foi reduzida em peixes poluídos.

A alteração da bioquímica do sangue pode ser indicativa de condições ambientais inadequadas, como a temperatura, o pH e a concentração de oxigénio, ou da presença de factores de stress, como produtos químicos tóxicos (Barcellos *et al.*, 2004). A medição dos parâmetros bioquímicos plasmáticos pode ser especialmente útil para ajudar a identificar os órgãos-alvo da toxicidade, bem como o estado geral de saúde dos peixes, e tem sido defendida como um alerta precoce de alterações potencialmente prejudiciais em organismos stressados

(Keller, 2001). A toxicidade dos metais pesados e o seu efeito sobre os parâmetros fisiológicos e bioquímicos dos peixes, bem como o seu modo de ação, foram relatados por muitos investigadores (Salah El-Deen *et al.*, 1995; Sobha *et al.*, 2007; Firat e Kargin, 2010; Zaki *et al.*, 2010; Yacoub e Gad, 2012; Zahedi *et al.*, 2013).

A aspartato aminotransferase (AST) e a alanina aminotransferase (ALT) têm sido utilizadas para determinar a exposição a poluentes em animais, bem como para monitorizar a poluição da água (Lavanya *et al.*, 2011). Servem como bons bioindicadores em animais expostos à contaminação por metais e xenobióticos (Ozman *et al.*, 2006). As enzimas aminotransferases pertencem às enzimas não funcionais do plasma que estão normalmente localizadas nas células do fígado, coração, rim, intestino e outros órgãos (Rajamanickam e Muthuswamy, 2008). As enzimas AST e ALT desempenham um papel importante no metabolismo das proteínas e dos aminoácidos nos tecidos dos peixes e de outros organismos (Öner *et al.*, 2008). A lesão do fígado, aguda ou crónica, acaba por resultar num aumento do teor plasmático de aminotransferases. A AST e a ALT encontram-se em baixa concentração no sangue dos peixes em situações normais, no entanto, a exposição dos peixes a substâncias tóxicas, como os metais pesados, provoca um aumento da sua concentração plasmática (Zaghloul, 2001).

De acordo com Folmar *et al.* (1992), o teor de metais (Zn e Cu) aumentou as actividades plasmáticas de AST na tainha-listrada, *Mugil cephalus* L., e no peixe-agulha, *Lagodon rhomboids* L., do Golfo do México. Foi também registado um aumento das actividades plasmáticas de AST e ALT em peixes dourados expostos a Cd, *Carassius auratus gibelio* Bloch, em condições experimentais (Zikic *et al.*, 2001). Além disso, Levesque *et al.* (2002) verificaram que as actividades de AST e ALT estavam aumentadas no plasma da perca amarela, *Perca flavescens*, exposta cronicamente a metais no campo. No estudo de Sarhadizadeh *et al.* (2013) para determinar os efeitos da concentração de metais pesados nas enzimas plasmáticas de *Periophthalmus waltoni*, os resultados mostraram que as enzimas aminotransferases eram mais elevadas nos peixes de locais poluídos em comparação com os de locais não poluídos no Golfo Pérsico.

A creatinina e a ureia plasmáticas podem ser utilizadas como um índice aproximado da taxa de filtração glomerular (Maita *et al.*, 1984). Níveis elevados de creatinina e ureia no plasma podem ser usados como indicadores de disfunção renal (Lockhart e Metner, 1984). A deficiência de oxigénio, bem como os resíduos das indústrias de transformação, induziram um aumento da concentração de creatinina no sangue dos peixes (Oikari e Soivio, 1977). A acumulação de metais pesados nos rins causou mau funcionamento e danos nas células renais, seguidos de um aumento dos níveis plasmáticos de creatinina e ureia (Haggag *et al.*, 1999; Zaghloul, 2000; Zaghloul *et al.*, 2011).

Marie *et al.* (1998) registaram um aumento acentuado das concentrações de creatinina e de ácido úrico na carpa comum *Cyprinus carpino* exposta a concentrações subletais do inseticida organofosforado profenofos (0,03 e 0,06 ppm). Além disso, Shalaby (2000) verificou que os valores plasmáticos de ácido úrico em alevins *de O. niloticus* expostos a concentrações subletais de Cu ou Pb eram significativamente mais elevados do que os valores de controlo. Bernet *et al.* (2001) verificaram que o nível de ureia no plasma da truta castanha, *Salmo trutta* L., exposta a águas residuais, aumentou significativamente em comparação com o nível de referência. Além disso, os níveis de ureia e creatinina no sangue aumentaram significativamente na tainha cinzenta, *Mugil cephalus*, exposta ao cloreto de cádmio (Zaki *et al.*, 2009).

O teor de proteínas plasmáticas foi sugerido como um indicador do stress induzido por xenobióticos em organismos aquáticos (Singh e Sharma, 1998). A principal função das proteínas plasmáticas é a manutenção do equilíbrio osmótico entre o sangue circulatório e os espaços tecidulares. Além disso, as proteínas plasmáticas são importantes para várias actividades vitais do sangue, incluindo a homeostasia e a coagulação sanguínea, o transporte de vitaminas e hormonas e a imunidade específica aos agentes patogénicos (Heath, 1987). A albumina plasmática é a proteína mais abundante no sistema circulatório (a sua modificação redox modula a sua função fisiológica), bem como um biomarcador do stress oxidativo (Fabisiak *et al.*, 2002).

A diminuição do nível de proteínas plasmáticas foi referida em muitos estudos anteriores, como o de Bhatia *et al.* (2002) em *H. fossilis* tratada com endossulfan por um período prolongado; Rajamanickam e Muthuswamy (2008) em carpa comum, *Cyprinus Carpio* L., sob os efeitos de metais pesados; Kavitha *et al.* (2010) em carpa maior, *Catla catla*, tratada com arsénico; e Zutshi *et al.* (2010) em rohu, *Labeo rohita*, sob stress de poluição.

Zaghloul *et al.* (2006) estudaram o efeito da toxicidade do cobre nos constituintes plasmáticos de três espécies de peixes: *Clarias gariepinus, Oreochromis niloticus* e *Tilapia zillii*. Revelaram um aumento significativo da glucose plasmática, AST, ALT, fosfatase alcalina (ALP), creatinina, ácido úrico e uma diminuição das proteínas totais plasmáticas em comparação com o grupo de controlo.

As alterações histopatológicas têm sido amplamente utilizadas como biomarcadores na avaliação da saúde dos peixes expostos a contaminantes, tanto em laboratório (Thophon *et al.*, 2003) como em estudos de campo (Schwaiger *et al.*, 1997; Teh *et al.*, 1997). Muitos poluentes têm de sofrer ativação metabólica para poderem provocar alterações celulares no organismo (Velkova- Jordanoska e Kostoski, 2005). O exame microscópico dos tecidos-alvo é um parâmetro importante na avaliação do potencial tóxico e na avaliação dos riscos dos produtos químicos no ambiente (Velma e Tchounwou, 2010).

As brânquias dos peixes têm muitas funções importantes, como as trocas gasosas (Randall *et al.*, 1982), a regulação iónica (Evans, 2002), a excreção de azoto e a regulação ácido-base (Haswell *et al.*, 1980), bem como a desintoxicação (Munshi e Hughes, 1991). As brânquias estão mais expostas aos poluentes presentes na água, uma vez que permanecem em contacto estreito com o ambiente externo e os metais podem penetrar através das suas finas células epiteliais, conduzindo a alterações patológicas (Fernandes e Mazon, 2003; Gul *et al.*, 2004; Mazon *et al.*, 2007).

A grande área de superfície e a estrutura fina, semelhante a uma peneira, das brânquias tornam-nas particularmente susceptíveis à exposição contínua a agentes nocivos transportados pela água (Lichtenfels *et al.*, 1996). Vários autores relataram os impactos de uma grande variedade de contaminantes ambientais nas brânquias dos peixes. Estes incluem os efeitos dos metais pesados sobre as caraterísticas morfológicas e histológicas das brânquias (Alne-na-ei, 1998); a transferência de gases (Mallatt, 1985); a absorção de oxigénio (Bonga e Lock, 1993) e as células de cloreto (Oronsaye e Brafield, 1984).

Lindesjoo e Thulin (1994) registaram lamelas secundárias fundidas e filamentos encurtados nas brânquias de peixes expostos a água contaminada com efluentes de fábricas de pasta de papel e branqueamento com cloro. Koca *et al.* (2005) observaram o efeito da poluição da água nas brânquias, tais como a proliferação celular com fusão de lamelas secundárias, degenerações em balão ou deformação em taco das lamelas secundárias, bem como a distribuição de lamelas secundárias necróticas, hiperplásicas e clavadas. Além disso, Maggioni *et al.* (2012) relataram elevação epitelial, hipertrofia, escassez de lamelas secundárias e hiperplasia no tecido branquial de *Jenynsia multidentata* recolhido em águas sujeitas a fortes impactos antropogénicos. Além disso, Oliva *et al.* (2013) observaram que as brânquias do linguado do Senegal, *Solea Senegalensis*, expostas a águas contaminadas com efluentes mineiros e industriais, apresentavam uma elevada prevalência de hiperplasia e descamação dos aneurismas do epitélio lamelar, hipertrofia do epitélio lamelar, hipertrofia da cartilagem, fusão lamelar e elevação epitelial.

O fígado desempenha um papel importante nas funções vitais do metabolismo básico e é o principal órgão de acumulação, biotransformação e excreção de contaminantes nos peixes (Figueiredo-Fernandes *et al.*, 2006). De acordo com Pratap *et al.* (1989), o fígado desempenha um papel importante na proteção contra a exposição a metais pesados, quer através da produção de metalotioneínas, quer actuando como local de armazenamento de metais ligados. A histopatologia do fígado dos peixes é uma ferramenta de monitorização que pode fornecer uma avaliação dos efeitos dos factores de stress ambiental nas populações de peixes, tendo sido proposta como um dos indicadores mais fiáveis para a deterioração da saúde dos animais aquáticos por actividades antropogénicas (Stentiford *et al.*, 2003).

O fígado normal dos teleósteos é constituído por uma massa contínua de células hepáticas com uma arquitetura semelhante a um cordão. As células são de grandes dimensões, de forma hexagonal, com um núcleo mais ou menos centralizado e citoplasma homogéneo (Ibrahim e Gaber, 2003).

Usha Rani e Ramamurthi (1989) observaram, em *Tilapia mossambica* exposta a concentrações subletais de cádmio, degeneração vacuolar dos hepatócitos que rodeiam as células pancreáticas do fígado e congestão dos vasos sanguíneos. Authman *et al.* (2013) observaram que as alterações hepáticas no *Clarias gariepinus* eram mais graves e, em alguns casos, irreparáveis, reflectindo a má qualidade da água do esgoto de El-Rahawy, no Egito. Sugeriram uma forte ligação entre metais pesados e lesões no fígado. Aly *et al.* (2003) obtiveram resultados semelhantes após a exposição de *Clarias gariepinus* à poluição por chumbo. Além disso, foram observadas seis lesões histopatológicas principais no fígado do linguado do Senegal, *Solea Senegalensis*, recolhido de águas contaminadas, nomeadamente esteatose, vacuolização, necrose, estagnação do sangue, infiltração leucocitária e desorganização do parênquima hepático (Oliva *et al.*, 2013). Além disso, Roy e Bhattacharya (2006) estudaram a histopatologia induzida no fígado de *Channa punctatus* pelo arsénio. Estas alterações histopatológicas foram observadas como desorientação dos tecidos, peliose e vacuolização, acompanhadas de cariólise, apoptose e necrose dos hepatócitos.

Os rins dos peixes teleósteos são órgãos tubulares compostos com uma estrutura maciça altamente vascularizada que contém um grande número de túbulos contorcidos separados uns dos outros por células hemopoiéticas retículo-endoteliais e inter-renais. No que diz respeito à estrutura histológica dos rins de todos os peixes teleósteos, é formada principalmente por nefrónios que, por sua vez, são constituídos por um corpúsculo de Malpighi que inclui glomérulos bem vascularizados, um segmento curto e ciliado do colo, um túbulo contorcido proximal com bordos em escova, um segmento intermédio, um túbulo contorcido distal e um sistema de ductos colectores. Entre estes túbulos, os tecidos hemopoiéticos actuam como uma matriz de ligação (Al-Zahaby *et al.*, 1985).

Nos teleósteos, o rim, juntamente com as brânquias e o intestino, é responsável pela excreção e manutenção da homeostasia dos fluidos corporais (Evans, 1993) e, para além de produzir urina, actua como via excretora dos metabolitos de uma variedade de xenobióticos a que os peixes podem estar expostos (Hinton *et al.*, 1992). Uma vez que um grande volume de sangue flui através do rim, as lesões encontradas neste órgão podem ser úteis como sinais de poluição ambiental (Silva e Martinez, 2007).

A exposição de diferentes espécies de peixes a diferentes concentrações de metais pesados levou à desintegração do epitélio renal, à deslocação dos núcleos, ao encolhimento dos glomérulos, à rutura da cápsula de Bowman e a uma forte infiltração de células inflamatórias (El-Naggar *et al.*, 1998; Zaghloul, 2000). Contudo, os padrões de acumulação de metais pesados nos rins dos teleósteos dependem das taxas de absorção e de eliminação (Gomaa *et al.*, 1995). Hicks e Geraci (1984) e Lauren *et al.* (1989) registaram a degeneração epitelial dos túbulos em peixes expostos a doses mais elevadas de antibióticos. Moiseenko e Kudryavtesva (2001) estudaram os efeitos de alguns metais pesados como Cu, Zn, Hg, Ni, Co, Mn, Pb, Al, Sr no padrão histológico dos rins de teleósteos.
Mostraram várias alterações histopatológicas, incluindo edema dos glomérulos e dos túbulos renais, cálculos renais, formação de granulomas fibrosos, bem como agressão do tecido conjuntivo em torno das cápsulas de Bowman, dos vasos sanguíneos e dos canais excretores. Além disso, Kurtovic *et al.* (2008) relataram a acumulação de células inflamatórias associadas à toxicidade do crómio nos rins de robalo europeu de viveiro e selvagem, *Dicentrarchus labrax*.

Velma e Tchounwou (2010) revelaram que os rins dos peixes expostos ao crómio apresentavam alterações morfológicas. Os peixes expostos à CL12,5 apresentaram dilatação tubular e separação dos túbulos renais, enquanto os peixes expostos à CL25 apresentaram necrose tubular, desintegração dos túbulos, degeneração do tecido hematopoiético e exsudados esonofílicos. Além disso, nos peixes expostos à CL50, observou-se uma dilatação progressiva dos túbulos, necrose tubular, separação tubular renal, degeneração do tecido hematopoiético e do lúmen tubular.

Os biomarcadores são cada vez mais ferramentas reconhecidas mundialmente para a avaliação dos impactos da poluição no ambiente marinho, e alguns já estão incorporados em programas de monitorização ambiental (Stagg, 1998; Cajaraville *et al.*, 2000; Viarengo *et al.*, 2007). Os biomarcadores podem ser caracterizados como medidas funcionais de exposição a factores de stress, que são geralmente expressos ao nível do suborganismo da organização biológica (Adams *et al.*, 2001). As respostas dos sub-organismos aos factores de stress ambiental ocorrem antes de outras perturbações, como a doença, a mortalidade ou as alterações da população e, por conseguinte, podem oferecer alertas precoces dos impactos da poluição (Depledge e Fossi, 1994).

Os organismos que habitam as zonas costeiras que recebem múltiplas fontes de poluição por actividades urbanas, industriais e agrícolas estão expostos a misturas complexas de diferentes tipos de contaminantes. Os biomarcadores permitem a integração de interações tóxicas em alvos moleculares ou celulares resultantes da exposição a misturas complexas de contaminantes (Depledge e Fossi, 1994).

Capítulo 2

Materiais e métodos

O presente estudo foi realizado com duas das espécies de peixes ósseos marinhos mais comuns no Iémen: *Pomadasys hasta* e *Lutjanus russellii* (Foto 1), recolhidas em três locais diferentes situados ao longo da costa do Mar Vermelho de Hodeida, República do Iémen. Estas duas espécies têm um elevado valor comercial e económico para a população iemenita.

Foto 1: As duas espécies de peixes estudadas.

Áreas de estudo

Hodeida tem sofrido com o aumento da população, da urbanização e das actividades industriais. O enorme aumento de poluentes, em particular petróleo e metais vestigiais, e o aumento de esgotos e efluentes industriais descarregados na zona costeira, afectam os ecossistemas do Mar Vermelho (Heba e Al-Mudaffer, 2000; Heba *et al.*, 2000).

- **Sítio 1 (sítio de referência)**

  Situa-se na praia de Al-Nukhailah, a cerca de 19 km a sul da cidade de Hodeida, com uma leitura do sistema de posicionamento global (GPS) de 14°38'29.87"N, 42°58'37.97"E. É considerado o local de referência por estar situado longe da vida urbana e caracterizado pela ausência de poluentes (Foto 2).

- **Sítio 2**

  Situa-se na praia de Al-Dawar, com uma leitura GPS de 14°47'40.30"N, 42°55'49.05"E. Está virado para a cidade de Hodeida e é considerado um local poluído, uma vez que recebe continuamente águas residuais domésticas não tratadas da cidade vizinha (Foto 2).

- **Sítio 3**

  Situa-se na aldeia de Urj, a cerca de 38 km a norte da cidade de Hodeida, com uma leitura GPS de

15°7'6.28"N, 42°52'11.61"E. Este local recebe águas residuais e efluentes industriais descarregados da central eléctrica vizinha e de fábricas de reparação e manutenção de navios (Foto 2).

A distância entre os três locais estudados é de cerca de 57 km ao longo da costa do Mar Vermelho de Hodeida, na República do Iémen.

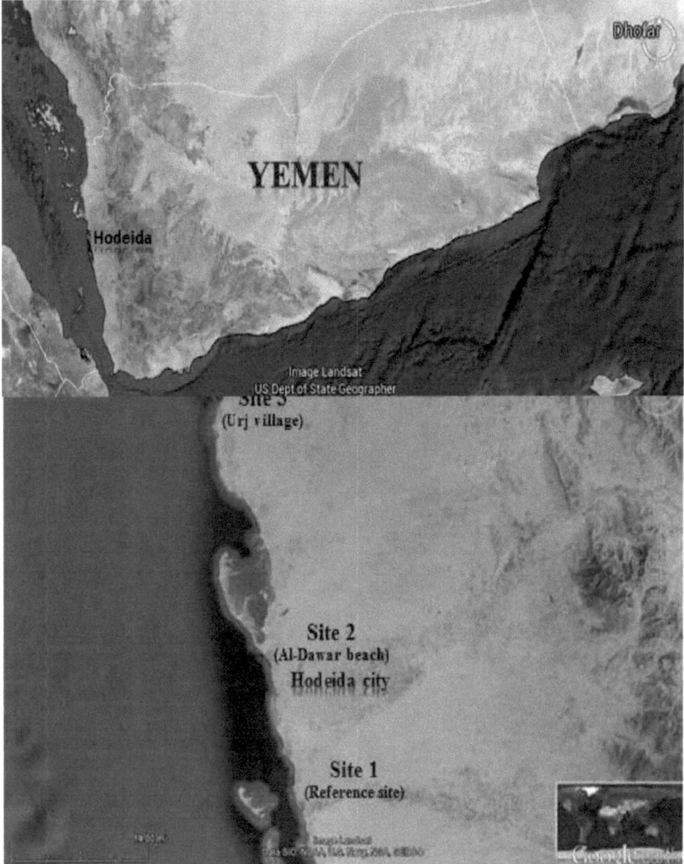

Foto 2: Os três locais estudados situados ao longo da costa do Mar Vermelho de Hodeida, República do Iémen.

Amostragem

As amostras de água, sedimentos e peixes foram recolhidas numa faixa de 1 km^2 em torno das leituras GPS comunicadas dos locais estudados durante a época de verão de 2013.

- **Amostragem de água**

Foram colhidas oito amostras de água com um amostrador de água. Foram recolhidos duplicados de amostras de água de quatro locais em cada um dos sítios estudados, a uma profundidade de água de cerca de 30 cm, e armazenados a 4°C em garrafas de vidro limpas (Boyd, 1990).

- **Amostragem de sedimentos**

Em cada local de amostragem, foram colhidos duplicados de quatro amostras de núcleo até 20 cm de profundidade, utilizando corers de cloreto de polivinilo (PVC). Os tubos foram imediatamente selados e armazenados a 4°C (Cábrera *et al.*, 1992).

- **Amostragem de peixes**

Foram recolhidas amostras de oito espécies de peixes de cada local estudado (8 espécimes\espécies\site) com a ajuda de pescadores locais, utilizando redes de pesca. O peso e o comprimento total do corpo dos peixes foram medidos e registados. Foi feita uma amostragem de sangue e depois os peixes foram dissecados rapidamente para isolar fígados, rins, brânquias, peles e músculos dorsais. Durante a dissecação dos órgãos internos, foram tomadas precauções para evitar quaisquer lesões e contaminações metálicas das amostras de órgãos, utilizando kits de dissecação em aço inoxidável. As amostras foram embaladas em sacos de polietileno e congeladas a -20°C até à análise dos metais pesados (Tuzen, 2003). Uma parte do fígado, dos rins e das brânquias foi fixada em fixador de Bouin para posterior exame histopatológico.

Análises da água e dos sedimentos

A temperatura da água, o pH, os sólidos totais dissolvidos (TDS) e a condutividade foram medidos imediatamente nos locais de amostragem com a ajuda de um verificador multiparamétrico de água (Hanna, modelo 991301, EUA). Além disso, a dureza total, a alcalinidade, o cloreto e a salinidade foram medidos de acordo com os métodos padrão para o exame da água e das águas residuais descritos pela APHA (1998). A concentração de nitrato nas amostras de água foi medida de acordo com o método descrito por Jagessar e Odessa (2011).

A concentração de metais pesados (ferro, cobre, zinco, chumbo e cádmio) nas amostras de água e de sedimentos foi determinada por espetrofotómetro de absorção atómica de chama (Nova A 300 Analytikjena AG, Alemanha). A concentração de metais nas amostras de água foi expressa em miligramas por litro (mg/l) e nas amostras de sedimentos em miligramas por quilograma de peso seco (mg/kg de peso seco)

Para a determinação dos metais pesados nos sedimentos, as amostras foram secas a 80° C durante 8 horas, digeridas com ácido e diluídas com água desionizada até um volume conhecido, de acordo com o método descrito por Neugebauer *et al.* (2000).

Avaliação da poluição sedimentar

- **Fator de contaminação (FC)**

O nível de contaminação dos sedimentos por um metal pesado é frequentemente expresso em termos de um fator de contaminação (FC), que é calculado utilizando a seguinte fórmula, de acordo com Hakanson (1980):

$$CF = C_m / C_b$$

Onde,

Cm = concentração de metais na amostra de sedimentos.

Cb = valor de fundo do metal em causa.

Os teores geoquímicos de fundo dos metais selecionados no presente estudo foram determinados de acordo com Heba *et al.* (2004), que estudaram as concentrações de metais em sedimentos ao longo de 12 locais em Hodeida, na costa do Mar Vermelho do Iémen, e os valores detectados foram os seguintes 180, 51, 5,0, 2,5 e 5,8 mg/kg para Fe, Cu, Zn, Pb e Cd, respetivamente.

De acordo com Hakanson (1980), a CF foi classificada em quatro grupos: CF < 1 indica baixa contaminação, 1< CF < 3 indica contaminação moderada, 3 < CF < 6 indica contaminação considerável e CF > 6 indica contaminação muito alta.

- **Índice de carga poluente (PLI)**

A gravidade da poluição e a sua variação ao longo dos locais estudados foram determinadas com a utilização do índice de carga poluente (PLI). Este índice é uma ferramenta rápida para comparar o estado de poluição de diferentes locais. O índice de carga poluente (PLI), para um determinado local, foi avaliado de acordo com o método proposto por Tomlinson *et al.* (1980).

$$PLI = (CF_1 \times CF_2 \times CF_3 \times x \dots \dots CF_n)^{1/n}$$

Onde,

n = o número de metais estudados (cinco no presente estudo). CF = o fator de contaminação calculado.

Se o valor PLI > 1 indica poluição progressiva, enquanto que se PLI < 1 indica limites seguros.

Bioacumulação de metais pesados em tecidos de peixes

O ferro (Fe), o cobre (Cu), o zinco (Zn), o chumbo (Pb) e o cádmio (Cd) foram determinados nos fígados, rins, brânquias, peles e músculos dorsais de *Pomadasys hasta* e *Lutjanus russellii* utilizando um espetrofotómetro de absorção atómica de chama (Nova A 300 Analytikjena AG, Alemanha). As concentrações de metais pesados nas amostras de tecido foram expressas em miligramas por quilograma de peso seco (mg/kg de peso seco).

Todo o material de vidro foi lavado com ácido, enxaguado em água desionizada e seco ao ar durante 12 horas antes de ser utilizado. Os tecidos foram transferidos para uma estufa a 80 °C durante 8 horas, até ficarem completamente secos. Os tecidos secos foram então digeridos numa mistura de ácidos nítrico (HNO3) e perclórico (HCIO4) concentrados (4:1, v:v), de acordo com o método descrito por Neugebauer *et al.* (2000). A mistura num balão foi suavemente agitada e colocada numa placa de aquecimento, tendo a temperatura sido gradualmente aumentada para 100°C e continuada até os tecidos serem completamente digeridos em soluções límpidas. As soluções límpidas foram arrefecidas, transferidas para um balão volumétrico de 25 ml e completadas para 25 ml com água desionizada.

Procedimentos de garantia da qualidade e de controlo da qualidade (GQ/CQ)

As amostras em branco foram preparadas e tratadas exatamente da mesma forma que as amostras. As concentrações foram determinadas utilizando soluções-padrão preparadas na mesma matriz ácida. Os padrões para a calibração dos instrumentos foram preparados com base numa solução de referência certificada monoelemento (Merck). Para validar a análise, foram utilizados materiais de referência padrão de água (SRM1643e), sedimentos (SRM 2702) e peixes (peixes do Lago Superior 1946), adquiridos ao National Institute of Standards and Technology (NIST; EUA), e as percentagens médias de recuperação de metais em todas as amostras medidas variaram entre 90 e 109%.

A configuração do espetrofotómetro de absorção atómica por chama e os procedimentos de controlo de qualidade foram maximizados e ajustados antes da utilização e os limites de deteção foram superiores à concentração dos metais pesados estudados nas amostras de água, sedimentos e tecidos de peixes.

Fator de bioacumulação (BAF)

A fim de estimar a proporção em que cada metal ocorre no organismo, foi calculado o fator de bioacumulação (BAF) para os metais pesados selecionados em todos os tecidos de peixes estudados, de acordo com Szefer *et al.* (1999).

$$\text{BAF} = \text{CB/CW}$$

Onde,

CB (g/kg) = concentrações de metais pesados nos tecidos dos peixes.

CW (g/l) = concentrações de metais pesados na água em que vivem os peixes.

Índice de poluição por metais (MPI)

O teor global de metais nos órgãos vitais estudados de ambas as espécies de peixes foi calculado utilizando a seguinte fórmula, de acordo com Usero *et al.* (1997):

$$\text{MPI} = (\text{Ml x M2 x M3 x-x M})_n^{1/n}$$

Onde, Mn é a concentração do metal *n* expressa em mg/kg.

Avaliação dos riscos para o ser humano

A atual avaliação de riscos foi efectuada de acordo com a USEPA (2000).

- **Dose Diária Média (DDA)**

O nível de exposição resultante da ingestão de uma substância química pelo ser humano através do consumo de tecido de peixe comestível pode ser expresso por uma estimativa dos níveis de ingestão diária na seguinte equação:

Dose média diária (mg/kg/dia) = (C xIRx EF x ED)/(PV x TA)

Onde,

C = Concentração média de metais pesados nos tecidos musculares ou cutâneos (mg/kg).

IR = Taxa média de ingestão = 0,018 kg/dia para consumidores iemenitas adultos normais (FAO, 2002); ou 0,1424 kg/dia para pescadores subsistentes ou outros consumidores habituais de peixe (USEPA, 2000).

EF = Frequência de exposição (365 dias/ano).

ED = Duração da exposição ao longo da vida (70 anos).

PC = Peso corporal (70 kg).

AT = Vida média = ED x 365 dias/ano (70 anos x 365 dias/ano).

- **Índice de Perigo (HI)**

Os riscos dos metais pesados são quantificados através do cálculo do índice de perigo (HI). O índice de perigo é o rácio entre a dose diária média (ADD) e a dose oral de referência (RfD oral) do produto químico em causa. A via oral é a via de exposição investigada para o ser humano no presente estudo. O índice de perigo é determinado de acordo com a seguinte equação:

Índice de perigo (HI) = ADD/Oral RfD

Onde,

DQR oral = Dose de referência oral do produto químico (mg/kg/dia) com base no nível superior de ingestão para um ser humano adulto com um peso corporal médio de 70 kg. As DRf orais para Fe, Cu, Zn, Pb e Cd são 0,64, 0,14, 0,28, 0,0035 e 0,001 mg/kg/dia, respetivamente, de acordo com a FAO/OMS (2006) e a OMS (2008). Por exemplo, o nível superior de ingestão de cobre nos alimentos para consumo humano de acordo com a FAO/OMS (2006) e a OMS (2008) = 10 mg/dia, pelo que a DRf oral =10/70 ~ 0,14 mg/kg/dia.

Se o cálculo do índice de perigo produzir um número inferior a 1,0, isso indica que não é provável a ocorrência de efeitos adversos para a saúde. Entretanto, se a DDA de um determinado metal pesado exceder a sua DRf oral e, por conseguinte, o índice de perigo for superior ou igual a 1,0, é provável que se verifiquem efeitos adversos para a saúde.

Índices de crescimento

Os pesos corporais e os comprimentos totais dos peixes foram registados com uma aproximação de 0,01 g e 0,1 cm, respetivamente.

- **Fator de condição (K)**

O fator de condição foi calculado para cada peixe de acordo com a fórmula descrita por Schreck e Molye (1990):

$$K = \frac{\text{Weight of body (g)}}{[\text{Body length (cm)}]^3} \times 100$$

- **Índice hepatossomático (HSI)**

O índice hepatossomático foi calculado para cada peixe de acordo com a fórmula de Schreck e Molye (1990):

$$HSI = \frac{\text{Weight of liver (g)}}{\text{Total body weight (g)}} \times 100$$

Colheita de sangue e análises

As amostras de sangue foram colhidas da veia caudal com o auxílio de uma agulha heparinizada. A agulha foi introduzida o mais profundamente possível através da linha média, logo atrás da barbatana anal, numa direção dorso-craniana. Ao puxar a agulha suavemente para trás, o sangue é geralmente aspirado para a seringa.

As amostras de sangue foram centrifugadas a 3000 rpm durante 10 minutos para obter plasma (Qelik, 2004).

Determinação das enzimas antioxidantes e da peroxidação lipídica

As actividades das enzimas antioxidantes; glutationa-S-transferase (GST) e catalase, bem como o nível de malondialdeído (MDA) como indicador da peroxidação lipídica no plasma foram estimados utilizando kits comerciais (Biodiagnostic Co.) num espetrofotómetro Unico 1100RS.

I. Determinação da atividade da glutatião-S-transferase (GST)

O princípio de análise baseia-se no método UV descrito por Habig *et al.* (1974). A atividade total de GST (citosólica e microssomal) é determinada pela medição da conjugação de 1-cloro-2,4-dinitrobenzeno (CDNB) com glutatião reduzido. A absorvância foi lida a 340 nm.

II. Determinação da atividade da catalase

O princípio de análise baseia-se no método colorimétrico enzimático descrito por Aebi (1984). Depende da reação da catalase com uma quantidade conhecida de H2O2. A reação é interrompida após exatamente um minuto com um inibidor da catalase.

$$2H_2O_2 \xrightarrow{\text{Catalase}} 2H_2O + O_2$$

Na presença de peroxidase, o H2O2 remanescente reage com o ácido 3,5-dicloro -2-hidroxibenzeno sulfónico (DHBS) e a 4-aminofenazona (AAP) para formar um cromóforo com uma intensidade de cor inversamente proporcional à quantidade de catalase na amostra original.

$$2H_2O_2 + DHBS + AAP \xrightarrow{\text{HRP}} \text{Quinoneimine Dye} + 4H_2O$$

A absorvância foi lida a 510 nm.

III. Determinação do nível de peroxidação lipídica (MDA)

O princípio da análise baseia-se no método colorimétrico enzimático descrito por Satoh (1978). Depende da reação do ácido tiobarbitúrico (TBA) com o MDA em meio ácido a uma temperatura de 95°C durante 30 minutos para formar o produto reativo do ácido tiobarbitúrico. A absorvância foi lida a 534 nm.

- Biomarcadores indicativos das funções hepática e renal

As actividades das enzimas aminotransferases (ALT e AST), como indicadores das funções hepáticas, e os níveis de ureia e creatinina, como indicadores das funções renais no plasma, foram estimados por meio de kits SGM (Al-Mona Co.) no espetrofotómetro Unico 1100RS.

I. Determinação da alanina aminotransferase (ALT)

O princípio da análise baseia-se no método cinético UV descrito por Lorentz *et al.* (1995), como nas seguintes reacções:

$$\alpha\text{-Ketoglutarate} + \text{L-alanine} \xrightarrow{\text{ALT}} \text{Glutamate} + \text{Pyruvic acid}$$

$$\text{Pyruvic acid} + \text{NADH} \xrightarrow{\text{LDH}} \text{Lactic acid} + \text{NAD}^+$$

A absorvância foi lida a 340 nm.

II. Determinação da aspartato aminotransferase (AST)

O princípio da análise baseia-se no método cinético UV descrito por Karmen *et al.* (1955), como nas seguintes reacções:

$$\alpha\text{-Ketoglutarate} + \text{L-aspartate} \xrightarrow{\text{AST}} \text{Glutamate} + \text{Oxaloacetate}$$

$$\text{Oxaloacetate} + \text{NADH} \xrightarrow{\text{MDH}} \text{Malate} + \text{NAD}^+$$

A absorvância foi lida a 340 nm.

III. Determinação da concentração de ureia

O princípio da análise baseia-se no método cinético UV descrito por Kaplan e Pesce (1996) como na seguinte reação:

$$\text{Urea} + H_2O + 2H^+ \xrightarrow{\text{Urease}} (NH_4^+)_2 + CO_2$$

O amoníaco produzido reage com o *a-cetoglutarato* e o NADH que, na presença da glutamato-desidrogenase (GLDH), forma glutamato e NAD+.

$$NH_4^+ + \alpha\text{-Ketoglutarate} + \text{NADH} \xrightarrow{\text{GLDH}} H_2O + \text{NAD}^+ + \text{L-Glutamate}$$

A diminuição da concentração de NADH é diretamente proporcional à concentração de ureia na amostra. A absorvância foi lida a 340 nm.

IV. Determinação da concentração de creatinina

A análise baseia-se na reação de Jaffé cinética tamponada sem desproteinização, tal como descrita por Henry (1964), de acordo com a seguinte reação

$$\text{Creatinine} + \text{Picrate} \xrightarrow{\text{Alkaline pH}} \text{Yellow red complex}$$

A absorvância foi lida a 510 nm.

- Determinação do perfil proteico do plasma

O nível de proteínas plasmáticas totais e de albumina no plasma foi estimado por meio de kits SGM (Al-Mona Co.) no espetrofotómetro Unico 1100RS.

I. Determinação do teor de proteínas totais no plasma

O princípio da análise baseia-se no método colorimétrico do Biureto descrito por Tietz (1970). As proteínas reagem com iões bivalentes de cobre em meio alcalino, dando origem a um complexo colorido cuja intensidade é diretamente proporcional à concentração total de proteínas na amostra testada. A absorvância foi lida a 540 nm.

II. Determinação do teor de albumina (A)

O princípio de análise baseia-se no método colorimétrico descrito por Gindler e Westgard (1973). O verde de bromocresol (BCG) liga-se, quantitativa e especificamente, à albumina, dando origem, a um pH ácido, a um composto verde/azul cuja intensidade de cor é proporcional à concentração de albumina. A absorvância foi lida a 630 nm.

III. Determinação do teor de globulina (G)

O teor de globulina é calculado como a diferença entre a proteína total e a albumina, de acordo com o método descrito por Coles (1986), sendo depois calculada a relação A/G.

Exame histopatológico

Os tecidos do fígado, dos rins e das brânquias foram fixados durante 24 horas no fixador de Bouin e, em seguida, lavados várias vezes com álcool etílico a 70%, no qual foram conservados. Utilizou-se a técnica histológica manual de rotina para seccionar os tecidos a 10 //m de espessura, de acordo com o método descrito por Drury *et al.* (1967). Após desidratação completa numa série de alcoóis (70, 80, 90, 95 e 100%), as secções foram coradas com os corantes hematoxilina e eosina. As secções foram montadas com bálsamo de canada e examinadas ao microscópio de luz.

Análises estatísticas

Os resultados foram expressos como médias ± E.S. Os dados foram analisados estatisticamente usando o *teste t de* Student, análises de variância (*teste F*) e o teste de intervalo múltiplo de Duncan para determinar a diferença nas médias, conforme indicado por letras maiúsculas diferentes na ordem decrescente, A, B e C a $P < 0,05$ usando o software Statistical Package for the Social Sciences (SPSS, ver.18).

Capítulo 3

Resultados
Qualidade da água

As propriedades físico-químicas das amostras de água recolhidas nos locais estudados são ilustradas na Tabela 1 e na Fig. 1.

De acordo com a análise de variância de uma via (ANOVA), houve diferenças significativas ($P < 0,01$) entre os valores médios de temperatura, condutividade elétrica, pH, sólidos totais dissolvidos, alcalinidade total, dureza total, cloreto, nitrato e salinidade entre os locais estudados.

Os valores de temperatura, pH e alcalinidade foram dispostos pela ordem: local 3 > local 2 > local 1, enquanto os valores médios de condutividade, TDS, dureza, cloreto, nitrato e salinidade foram dispostos pela ordem seguinte: local 2 > local 3 > local 1 (Quadro 1 e Fig. 1).

Tabela 1: Propriedades físico-químicas das amostras de água recolhidas nos locais estudados (média ± S.E., N= 8)

	Temperatura (Co)	Condutividade eléctrica (^S/cm)	Valor do pH	Sólidos totais dissolvidos (EC.x0.65) (mg/l)	Alcalinidade total como caco3 (mg/l)	Dureza total como caco3 (mg/l)	Cloreto (mg/l)	Nitrato (mg/l)	Salinidade (M
Sítio 1	28.3 ±	50185.3 ±	8.3 ±	32533.5 ±	143.0 ±	5878.7 ±	21026.5	5.3 ±	38.0 ±
(Referência	0.1	33.7	0.05	145.1	1.1	33.1	± 99.8	0.1	0.2
sítio)	C	C	B	C	C	C	C	C	C
Sítio 2	31.9 ±	61922.0 ±	8.9 ±	40388.0 ±	173.7 ±	6480.3 ±	25726.3	18.0 ±	46.48 ±
(Al-Dawar	0.2	196.5	0.1	326.1	1.5	24.2	± 164.4	0.2	0.3
praia)	B	A	A	A	B	A	A	A	A
	33.6 ±	55821.8 ±	9.0 ±	35645.5 ±	255.3 ±	6257.8 ±	23146.3	9.4 ±	41.8 ±
Sítio 3	0.1	111.7	0.1	81.5	1.3	17.6	± 106.2	0.1	0.2
(aldeia de Urj)	A	B	A	B	A	B	B	B	B
$P_F <$	0.01	0.01	0.01	0.01	0.01	0.01	0.01	0.01	0.01

As médias com a mesma letra maiúscula na mesma coluna não são significativamente diferentes.

PF : Valor p do *teste F.* efectuado para cada parâmetro ao longo de cada sítio estudado para cada espécie.

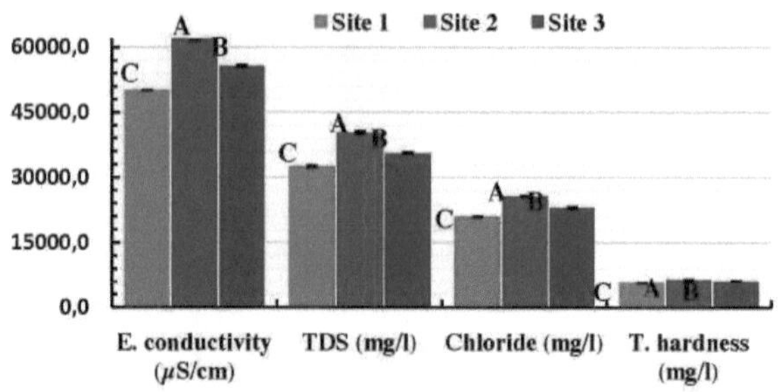

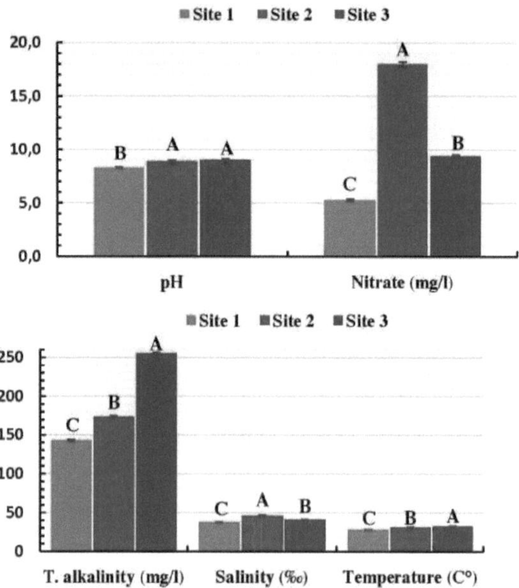

Figura 1 Propriedades físico-químicas das amostras de água recolhidas nos locais estudados (média ± S.E., N= 8). Para cada parâmetro, as barras com a mesma letra não são significativamente diferentes.

<u>**Metais pesados em amostras de água e sedimentos**</u>

As concentrações de Fe, Cu, Zn, Pb e Cd nas amostras de água e sedimentos recolhidas em todos os locais estudados foram registadas no Quadro 2 e nas Figs. 2 e 3.

As concentrações médias de todos os metais estudados nas amostras de água e sedimentos apresentaram diferenças significativas ($P < 0,01$) entre os locais estudados.

É evidente que o local 3 continha as concentrações mais elevadas de todos os metais estudados, tanto nas amostras de água como de sedimentos, seguido do local 2 e do local 1, respetivamente. A única exceção foi a concentração de cobre nas amostras de sedimentos, que apresentou os valores mais elevados no local 2 e os mais baixos no local 1.

Os níveis de todos os metais estudados nas amostras de água foram inferiores aos das amostras de sedimentos em todos os sítios estudados (Quadro 2 e Figs. 2 & 3).

Assim, é claro que o local 1 (local de referência) apresentou as concentrações mais baixas de todos os metais estudados nas amostras de água e sedimentos (Tabela 2 e Figs. 2 & 3).

As concentrações de todos os metais estudados foram ordenadas da seguinte forma: Fe > Cu > Zn > Pb > Cd nas amostras de água e sedimentos (Tabela 2 e Figs. 2 e 3).

Quadro 2: Concentrações de metais pesados em amostras de água (mg/l) e sedimentos (mg/kg de peso seco) recolhidas nos sítios estudados (média ± S.E., N= 8)

	Ferro (Fe)		Cobre (Cu)		Zinco (Zn)		Chumbo (Pb)		Cádmio (Cd)	
	Água	Sedimentos	Água	Sedimentos	Água	Sedimentos	Água	Sedimentos	Água	Sedimentos
Sítio 1	0.8 ±	111.6 ±	0.3 ±	37.4 ±	0.3 ±	9.4 ±	0.01 ±	5.0 ±		1.3 ±
(Referên cia	0.01	0.6	0.01	0.2	0.002	0.2	0.0001	0.1	0.004 ± 0.0001 C	0.01
sítio)	C	C	C	C	C	C	C	C		C
Sítio 2	3.1 ±	206.7 ±	1.3 ±	80.3 ±	0.7 ±	21.0 ±	0.05 ±	8.6 ±	0.01 ±	4.3 ±
(Al-Dawar	0.04	1.6	0.02	0.2	0.01	0.3	0.003	0.2	0.0003	0.1
praia)	B	B	B	A	B	B	B	B	B	B
Sítio 3	4.3 ±	345.1 ±	1.8 ±	67.4 ±	1.4 ±	30.3 ±	0.09 ±	14.7 ±	0.03 ±	5.5 ±
(Urj	0.07	2.5	0.03	0.3	0.01	0.2	0.003	0.2	0.001	0.1
aldeia)	A	A	A	B	A	A	A	A	A	A
P_F <	**0.01**	**0.01**	**0.01**	**0.01**	**0.01**	**0.01**	**0.01**	**0.01**	**0.01**	**0.01**

As médias com a mesma letra maiúscula na mesma coluna para cada parâmetro não são significativamente diferentes.

PF : Valor p do *teste F.* efectuado entre três locais para cada parâmetro e cada espécie de peixe.

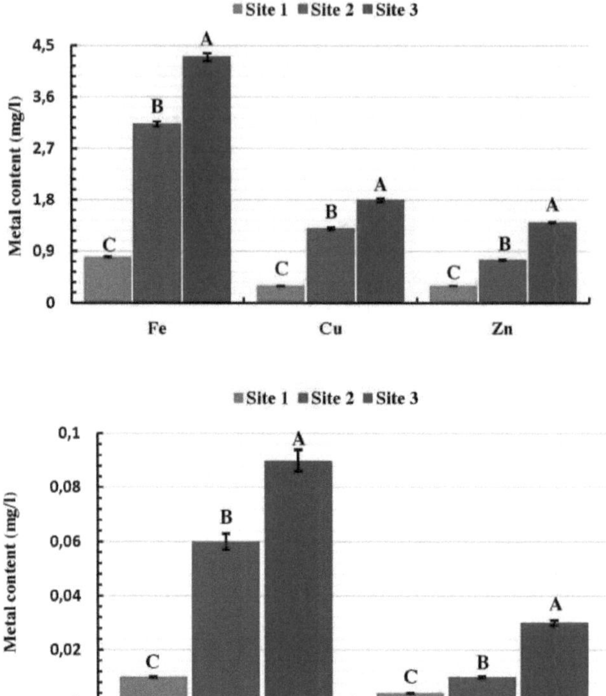

Figura 2 Concentrações de metais pesados em amostras de água (mg/l) recolhidas nos locais estudados (média ± S.E., N= 8). Para cada metal, as barras com a mesma letra não são significativamente diferentes.

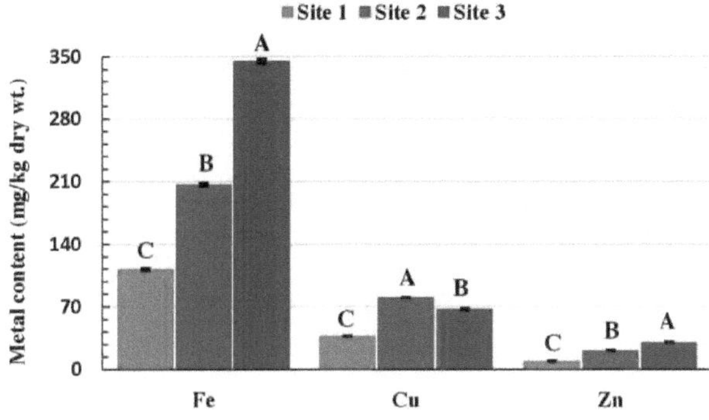

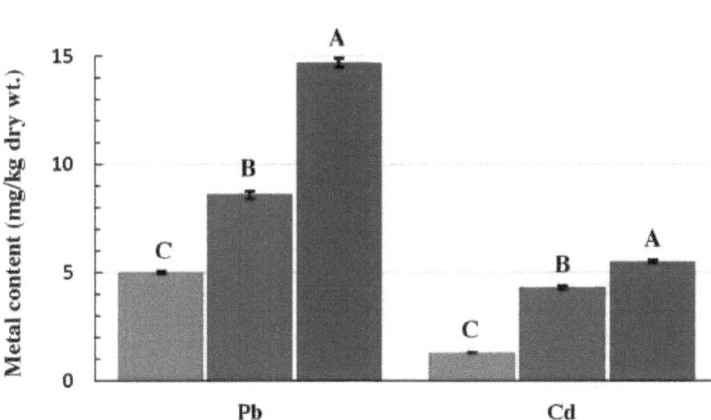

Figura 3 Concentrações de metais pesados em amostras de sedimentos (mg/kg de peso seco) recolhidas nos sítios estudados (média ± S.E., N= 8). Para cada metal, as barras com a mesma letra não são significativamente diferentes.

Poluição sedimentar

- **Fator de contaminação (FC)**

Os valores do fator de contaminação (CF) de todos os metais pesados estudados em amostras de sedimentos recolhidas em cada local foram calculados e registados (Tabela 3 e Fig. 4).

De acordo com os valores calculados de CF, o local de referência estava praticamente não poluído (CF < 1,0) com Fe, Cu e Cd, mas moderadamente contaminado (1< CF < 3) com Zn e Pb. Além disso, a Tabela 3 indicou que o local 2 estava moderadamente poluído (1< CF < 3) com Fe e Cu, consideravelmente contaminado (3 < CF < 6) com Zn e Pb e mostrava sinais de baixa contaminação com Cd (CF < 1,0). Por sua vez, o local 3 apresentou o mesmo comportamento do local 2 em relação aos níveis dos factores de contaminação Fe, Cu e Cd, mas estava muito contaminado com Zn e Pb (CF > 6) (Tabela 3 e Fig. 4).

A partir dos valores do fator de contaminação, é evidente que o Cd apresentou os valores mais baixos quando comparado com os outros metais em todos os locais estudados, enquanto o Zn, seguido do Pb, registou os valores mais elevados em todos os locais estudados (Quadro 3 e Fig. 4).

- **Índice de carga poluente (PLI)**

Os valores do índice de carga de poluição (PLI) para os metais pesados selecionados em amostras de sedimentos de todos os locais estudados estão resumidos na Tabela 3 e na Fig. 4.

É evidente no quadro 3 que apenas as amostras de sedimentos colhidas no local de referência se encontravam não contaminadas (PLI < 1,0), ao passo que as amostras de sedimentos colhidas nos locais 2 e 3 estavam contaminadas (PLI > 1,0). Além disso, os valores de PLI foram distribuídos pela seguinte ordem: sítio 3 > sítio 2 > sítio 1.

Quadro 3: Fator de contaminação (CF) e índice de carga poluente (PLI) dos metais pesados estudados em amostras de sedimentos de todos os locais estudados

	CF					PLI
	Fe	Cu	Zn	Pb	Cd	
Sítio 1 (sítio de referência)	0.6	0.7	1.9	2.0	0.2	0.8
Sítio 2 (Praia de Al-Dawar)	1.1	1.6	4.2	3.4	0.7	1.8
Sítio 3 (aldeia de Urj)	1.9	1.3	6.1	6.0	0.9	2.4

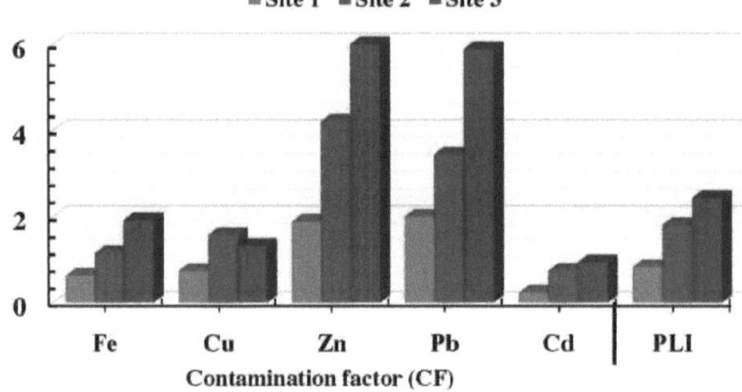

Figura 4: Fator de contaminação (CF) e índice de carga poluente (PLI) dos metais pesados estudados nas amostras de sedimentos de todos os locais estudados.

Bioacumulação de metais pesados em tecidos de peixes

Foram determinadas as concentrações de Fe, Cu, Zn, Pb e Cd nos órgãos vitais selecionados (fígado, rim, brânquias, pele e músculo) de *P. hasta* e *L. russellii* recolhidos nos locais estudados (Quadros 4 - 8 e Figs. 5 - 9).

- Ferro (Fe)

As concentrações de ferro nos órgãos vitais selecionados de ambas as espécies de peixes estudadas são apresentadas no Quadro 4 e na Fig. 5.

Em todos os órgãos vitais estudados de ambas as espécies de peixes, as concentrações de Fe apresentaram diferenças significativas ($P < 0{,}01$) entre os locais estudados.

As concentrações mais baixas de ferro em todos os tecidos estudados foram detectadas em ambas as espécies de peixes recolhidos no local de referência, enquanto os valores mais elevados foram detectados nos do local 3.

O teste *t* de student mostrou que as concentrações de Fe em todos os tecidos estudados de *P. hasta* foram significativamente mais elevadas do que as de *L. russellii* em todos os locais estudados (Quadro 4 e Fig. 5).

No caso de *P. hasta,* as concentrações de Fe nos órgãos vitais estudados seguiram a ordem de arranjo de:

Local 1: fígado > rim > brânquias > pele > músculo

Local 2: pele > fígado > rim > brânquias > músculo
Local 3: fígado > rim > pele > brânquias > músculo
Por outro lado, no caso de *L. russellii* as concentrações de Fe nos órgãos estudados seguiram a ordem de arranjo de:
Local 1: fígado > rim > pele > brânquias > músculo
Local 2: fígado > pele > rim > brânquias > músculo
Local 3: rim > fígado > pele > brânquias > músculo
De um modo geral, o órgão-alvo da bioacumulação de ferro foi principalmente o fígado (Quadro 4 e Figura 5).

Tabela 4: Teores de ferro (Fe) (mg/kg de peso seco) em alguns órgãos selecionados de *Pomadasys hasta* e *Lutjanus russellii* recolhidos nos locais estudados (média ± S.E., N= 8)

	Fígado			Rim			Guelras			Pele			Músculos		
	P. h.	*L. r.*	*Pt* <	*P. h.*	*L. r.*	*Pt* <	*P. h.*	*L. r.*	*Pt*<	*P. h.*	*L. r.*	*Pt* <	*P. h.*	*L. r.*	*Pt*<
Sítio 1 (Sítio de referência)	16,8[a] ± 1,2 C	6,7[b] ± 0,9 C	**0.01**	12.5a ± 1.2 C	3.6[b] ± 0.4 C	**0.01**	7.9[a] ± 1.0 C	2.1[b] ± 0.2 C	**0.01**	6.7 ± 0.4 B	3.2[b] ± 0.4 C	**0.01**	3.4[a] ± 0.4 C	1.1[b] ± 0.1 C	**0.01**
Sítio 2 (Praia de Al-Dawar)	46,8[a] ±4,5 B	18,7[b] ± 1,5 B	**0.01**	31,4[a] ± 3,3 B	10,3[b] ± 0,7 B	**0.01**	23.4[a] ± 1.6 B	5,8[b] ± 0,5 B	**0.01**	66,4[a] ± 2,8 A	13,5[b] ± 1,3 B	**0.01**	15,4[a] ± 1,2 B	2,2[b] ± 0,3 B	**0.01**
Sítio 3 (aldeia de Urj)	79,1[a] ± 4,5 A	33,7[b] ± 4,0 A	**0.01**	60,8[a] ± 6,2 A	34,2[b] ± 4,1 A	**0.01**	33,3[a] ± 2,3 A	14,9[b] ± 0,6 A	**0.01**	59,1[a] ± 6,9 A	31,8[b] ± 3,8 A	**0.01**	22.6[a] ± 1.4 A	5,6[b] ± 0,5 A	**0.01**
P_F <	**0.01**	**0.01**		**0.01**	**0.01**		**0.01**	**0.01**		**0.01**	**0.01**		**0.01**	**0.01**	

As médias com a mesma letra maiúscula na mesma coluna e as médias com a mesma letra minúscula em sobrescrito na mesma coluna para cada parâmetro não são significativamente diferentes.

PF : Valor p do teste F. efectuado entre três locais para cada parâmetro e cada espécie de peixe.

Pt : Valor p do teste *t* de student efectuado entre *Pomadasys hasta* (*P. h.*) e *Lutjanus russellii* (*L. r.*) para cada parâmetro em cada local.

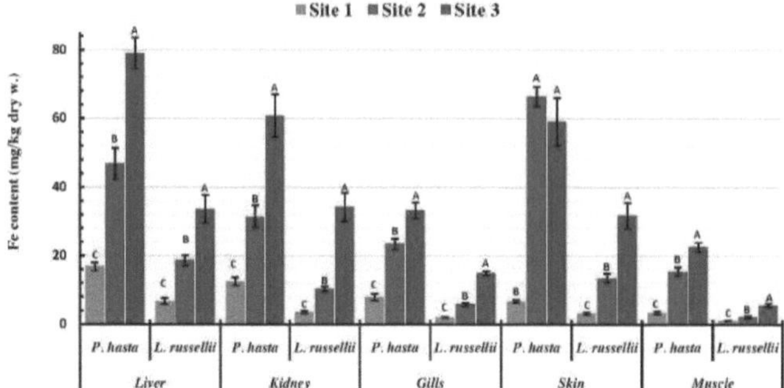

Figura 5: Teores de ferro (Fe) (mg/kg peso seco) em alguns órgãos selecionados de *Pomadasys hasta* e *Lutjanus russellii* colhidos nos locais estudados (média ± S.E., N= 8).
Para cada tecido de cada espécie de peixe, as barras com a mesma letra não são significativamente diferentes.

- Cobre (Cu)

As concentrações de cobre nos órgãos vitais selecionados de *P. hasta* e *L. russellii* estão registadas no Quadro 5 e na Fig. 6.

Os órgãos vitais selecionados de ambas as espécies de peixes mostraram que as concentrações de Cu eram significativamente diferentes ($P < 0{,}01$) entre os locais estudados.

As concentrações mais elevadas de Cu em todos os tecidos estudados de ambas as espécies de peixes foram registadas em amostras recolhidas no local 3, enquanto os valores mais baixos foram detectados nas amostras do local 1.

As concentrações de Cu nos tecidos estudados de *P. hasta* apresentaram valores significativamente mais elevados em comparação com os de *L. russellii* em todos os locais (Quadro 5 e Fig. 6).

No caso de *P. hasta*, as concentrações de Cu nos órgãos vitais estudados seguiram a ordem de arranjo de:

Local 1: fígado > rim > brânquias > pele > músculo
Local 2: rim > fígado > brânquias > pele > músculo
Local 3: fígado > brânquias > rim > músculo > pele

Enquanto no caso de *L. russelli*, as concentrações de Cu nos órgãos vitais estudados seguiram a ordem de disposição de:

Locais 1 e 2: fígado > rim > brânquias > pele > músculo
Local 3: fígado > rim > brânquias > músculo > pele

É óbvio que o padrão de acumulação de cobre indica que o órgão-alvo da bioacumulação de cobre é principalmente o fígado (Quadro 5 e Fig. 6).

Tabela 5: Teores de cobre (Cu) (mg/kg de peso seco) em alguns órgãos selecionados de *Pomadasys hasta* e *Lutjanus russellii* recolhidos nos locais estudados (média ± S.E., N= 8)

	Fígado			Rim			Guelras			Pele			Músculos		
	P. h.	*L. r.*	*Pt <*	*P. h.*	*L. r.*	*Pt <*	*P. h.*	*L. r.*	*Pt <*	*P. h.*	*L. r.*	*Pt <*	*P. h.*	*L. r.*	*Pt <*
Sítio 1 (sítio de referência)	3,7a ± 0,3 C	2,0[b] ± 0,2 C	0.01	2.2[a] ± 0.2 C	1,1[b] ± 0,2 C	0.01	2,1a ± 0,2 C	0,9[b] ± 0,2 C	0.01	1.5a ± 0.1 C	0,6[b] ± 0,1 C	0.01	0.8a ± 0.1 C	0,4[b] ± 0,1 C	0.01

			P_t			P_t			P_t			P_t			P_t
Sítio 2 (Praia de Al-Dawar)	15.4 a ±1.4 B	5,9b ± 0,5 B	**0.01**	22.4a ± 2.4 B	5,7b ± 0,5 B	**0.01**	11.3 a ± 0.9 B	4,1b ± 0,6 B	**0.01**	7,2a ± 0,8 B	2,8b ± 0,4 B	**0.01**	3.9a ± 0.4 B	0,9b ± 0,1 B	**0.01**
Sítio 3 (aldeia de Urj)	47,4a ± 2.4 A	14,8b ± 1.2 A	**0.01**	31,1a ± 3,7 A	10,1b ± 0,9 A	**0.01**	31.6 a ± 3.2 A	9,7b ± 0,7 A	**0.01**	14.3 a ± 1.7 A	4,9b ± 0,4 A	**0.01**	14.5 a ± 1.2 A	5,6b ± 0,7 A	**0.01**
$P_F <$	0.01	0.01		0.01	0.01		0.01	0.01		0.01	0.01		0.01	0.01	

As médias com a mesma letra maiúscula na mesma coluna e as médias com a mesma letra minúscula em sobrescrito na mesma coluna para cada parâmetro não são significativamente diferentes.

PF : Valor p do teste F. efectuado entre três locais para cada parâmetro e cada espécie de peixe.

Pt : Valor p do teste *t* de student efectuado entre *Pomadasys hasta* (*P. h.*) e *Lutjanus russellii* (*L. r.*) para cada parâmetro em cada local.

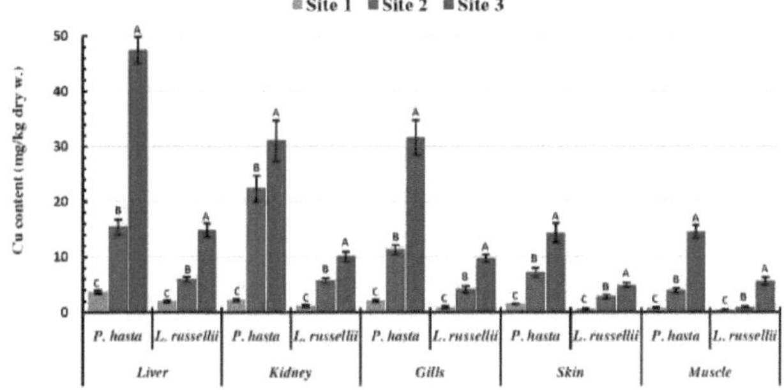

Figura 6: Teores de cobre (Cu) (mg/kg de peso seco) em alguns órgãos selecionados de *Pomadasys hasta* e *Lutjanus russellii* recolhidos nos locais estudados (média ± S.E., N= 8).

Para cada tecido de cada espécie de peixe, as barras com a mesma letra não são significativamente diferentes.

- Zinco (Zn)

As concentrações de zinco nos tecidos de *P. hasta* e *L. russellii* recolhidos nos locais estudados estão registadas no Quadro 6 e na Fig. 7.

As concentrações de zinco em todos os tecidos de ambas as espécies de peixes revelaram diferenças significativas ($P < 0,01$) entre os locais estudados.

Os teores mais elevados de Zn foram detectados em todos os tecidos de ambas as espécies de peixes recolhidos no local 3, enquanto os valores mais baixos foram registados nos tecidos do local de referência.

O teste *t* de Student mostrou que as concentrações de Zn em todos os órgãos selecionados de *P. hasta* foram significativamente mais elevadas do que os valores correspondentes de *L. russellii* em todos os locais estudados, exceto nos tecidos dos rins e das brânquias dos peixes recolhidos no local de referência, onde as diferenças foram insignificantes (Quadro 6 e Fig. 7).

No caso de *P. hasta,* as concentrações de Zn nos órgãos vitais estudados seguiram a ordem de arranjo de:

Local 1: fígado > rim > pele > brânquias > músculo

Local 2: rim > fígado > pele > brânquias > músculo

Local 3: rim > fígado > brânquias > pele > músculo

Além disso, no caso de *L. russellii*, as concentrações de Zn nos órgãos estudados seguiram a ordem de arranjo de

Locais 1 e 2: rim > fígado > brânquias > pele > músculo

Local 3: rim > brânquias > fígado > pele > músculo
É evidente que o órgão alvo da bioacumulação de zinco foi principalmente o rim (Tabela 6 e Fig. 7).

Tabela 6: Teores de zinco (Zn) (mg/kg de peso seco) em alguns órgãos selecionados de *Pomadasys hasta* e *Lutjanus russellii* recolhidos nos locais estudados (média ± S.E., N= 8)

	Fígado			Rim			Guelras			Pele			Músculos		
	P. h.	*L. r.*	*Pt <*	*P. h.*	*L. r.*	*Pt <*	*P. h.*	*L. r.*	*Pt <*	*P. h.*	*L. r.*	*Pt <*	*P. h.*	*L. r.*	*Pt <*
Sítio 1 (Sítio de referência)	10,3^a ± 0,7 C	3,8^b ± 0,3 C	0.01	5,8^a ± 0,6 C	4.4^a ± 0.7 C	NS	2,5^a ± 0,4 C	1.9^a ± 0.2 C	NS	3,4^a ± 0,5 C	1.1^b ± 0.1 C	0.01	1.6^a ± 0.2 C	0,5^b ± 0,05 C	0.01
Sítio 2 (Praia de Al-Dawar)	34,9^a ± 2,1 B	6,3^b ± 0,5 B	0.01	36.0^a ± 2.4 B	12,3^b ± 1,2 B	0.01	22.2^a ± 2.7 B	4.4^b ± 0.3 B	0.01	23,5^a ± 2,1 B	2,4^b ± 0,3 B	0.01	3.8^a ± 0.5 B	1.1^b ± 0.1 B	0.01
Sítio 3 (aldeia de Urj)	68,7^a ± 4,9 A	13,7^b ± 1,2 A	0.01	92,7^a ± 6,5 A	29,7^b ± 2,5 A	0.01	52,3^a ± 4,2 A	18,6^b ± 1,5 A	0.01	29,8^a ± 2,3 A	8,8^b ± 0,9 A	0.01	16.2^a ± 1.2 A	4.3^b ± 0.5 A	0.01
$P_F <$	0.01	0.01		0.01	0.01		0.01	0.01		0.01	0.01		0.01	0.01	

As médias com a mesma letra maiúscula na mesma coluna e as médias com a mesma letra minúscula em sobrescrito na mesma coluna para cada parâmetro não são significativamente diferentes.
PF : Valor p do teste F. efectuado entre três locais para cada parâmetro e cada espécie de peixe.
Pt : Valor p do teste *t* de student efectuado entre *Pomadasys hasta* (*P. h.*) e *Lutjanus russellii* (*L. r.*) para cada parâmetro em cada local.
NS: não significativamente diferente.

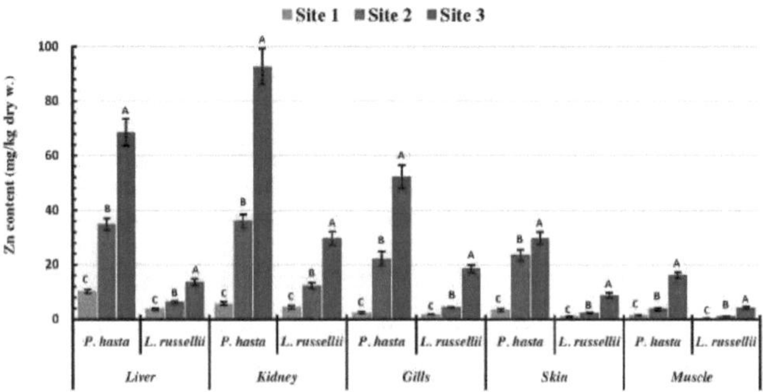

Figura 7: Teores de zinco (Zn) (mg/kg de peso seco) em alguns órgãos selecionados de *Pomadasys hasta* e *Lutjanus russellii* colhidos nos locais estudados (média ± S.E., N= 8).
Para cada tecido de cada espécie de peixe, as barras com a mesma letra não são significativamente diferentes.

- Chumbo (Pb)

As concentrações de chumbo nos órgãos vitais selecionados de *P. hasta* e *L. russellii* recolhidos nos três locais estudados são apresentadas no Quadro 7 e na Fig. 8.

Em todos os órgãos vitais estudados de ambas as espécies, as concentrações de Pb apresentaram diferenças significativas ($P < 0,01$) entre os locais estudados.

Os teores mais elevados de Pb em todos os tecidos estudados foram registados em ambas as espécies colhidas no local 3, exceto nos tecidos renais e musculares de *P. hasta*, que apresentaram os teores mais elevados nas amostras colhidas no local 2. Por outro lado, os teores mais baixos de Pb foram detectados em amostras do local 1 (Quadro 7 e Fig. 8).

Nos tecidos hepáticos, o teste *t* entre *P. hasta* e *L. russellii* recolhidos nos locais 1 e 3 revelou diferenças significativas ($P < 0,05$ e $P < 0,01$, respetivamente) nos seus teores de Pb e diferenças não significativas nos do local 2 (Quadro 7 e Fig. 8).

Nos rins, o teste *t* entre *P. hasta* e *L. russellii* amostradas no local 2 revelou diferenças significativas nos seus teores de chumbo, enquanto as diferenças nas amostras dos outros locais não foram significativas (Quadro 7 e Fig. 8).

O teste *t* entre as duas espécies mostrou diferenças significativas ($P<0,05$) nos seus teores de Pb nas brânquias nas amostras do local 3 e diferenças insignificantes nos peixes dos outros locais (Quadro 7 e Fig. 8).

As diferenças entre *P. hasta* e *L. russellii* no que respeita aos teores de chumbo na pele foram estatisticamente significativas nas amostras colhidas nos locais 1 e 2 ($P < 0,05$ e $P < 0,01$, respetivamente) e insignificantes nas amostras colhidas no local 3 (Quadro 7 e Fig. 8).

Verificaram-se diferenças significativas ($P<0,01$) nos teores de chumbo muscular entre *P. hasta* e *L. russellii* colhidas nos locais 2 e 3, enquanto as colhidas no local 1 apresentaram diferenças não significativas (Quadro 7 e Fig. 8).

Em *P. hasta,* as concentrações de Pb nos órgãos vitais selecionados seguiram a ordem de disposição de:

Local 1: rim > brânquias > pele > fígado > músculo

Local 2: rim > brânquias > fígado > músculo > pele

Local 3: brânquias > fígado > rim > pele > músculo

No caso de *L. russellii*, as concentrações de Pb nos órgãos selecionados seguiram a seguinte ordem de disposição

Local 1: rim > brânquias > fígado > pele > músculo

Local 2: brânquias > fígado > rim > pele > músculo

Local 3: brânquias > rim > fígado > pele > músculo

O Quadro 7 esclarece que os órgãos-alvo da bioacumulação de chumbo são principalmente os rins e as brânquias (Quadro 7 e Fig. 8).

Tabela 7: Teores de chumbo (Pb) (mg/kg de peso seco) em alguns órgãos selecionados de *Pomadasys hasta* e *Lutjanus russellii* recolhidos nos locais estudados (média ± S.E., N= 8)

	Fígado			Rim			Guelras			Pele			Músculos		
	P. h.	*L. r.*	*Pt <*	*P. h.*	*L. r.*	*Pt <*	*P. h.*	*L. r.*	*Pt <*	*P. h.*	*L. r.*	*Pt <*	*P. h.*	*L. r.*	*Pt <*
Sítio 1 (Sítio de referên cia)	0,05b ±0,004 C	*0.06a* ±*0.003* C	**0.05**	*0,2a* ±0,05 C	0,2a ±0,02 C	NS	0.1a ± 0.03 C	0.1a ±0.01 C	NS	0,06a ±0,005 C	0,05b ±0,004 C	**0.05**	0,03a ±0,003 C	0,02a ±0,004 C	NS
Sítio 2 (Praia de Al-Dawar)	1.23a ± 0.1 B	1.6a ± 0.2 B	NS	5,9a ± 0,4 A	1.5b ± 0.2 B	**0.01**	3.3a ± 0.3 B	3.1a ± 0.4 B	NS	0.2b ± 0.06 B	1.1a ± 0.1 B	**0.01**	0,7a ± 0,06 A	0.3b ± 0.05 B	**0.01**
Sítio 3 (aldeia de Urj)	6.1[a] ± 0.4 A	2,4b ± 0,2 A	**0.01**	4.2a ± 0.4 B	4.2a ± 0.4 A	NS	11.1a ± 0.7 A	7.8b ± 0.6 A	**0.05**	1.8a ± 0.3 A	1.5a ± 0.1 A	NS	0.2b ± 0.05 B	0,6a ± 0,06 A	**0.01**

| $P_F <$ | 0.01 | 0.01 | | 0.01 | 0.01 | | 0.01 | 0.01 | | 0.01 | 0.01 | | 0.01 | 0.01 | |

As médias com a mesma letra maiúscula na mesma coluna e as médias com a mesma letra minúscula em sobrescrito na mesma coluna para cada parâmetro não são significativamente diferentes.

PF : Valor p do teste F. efectuado entre três locais para cada parâmetro e cada espécie de peixe.

Pt : Valor p do teste *t* de student efectuado entre *Pomadasys hasta* (*P. h.*) e *Lutjanus russellii* (*L. r.*) para cada parâmetro em cada local.

NS não significativamente diferente.

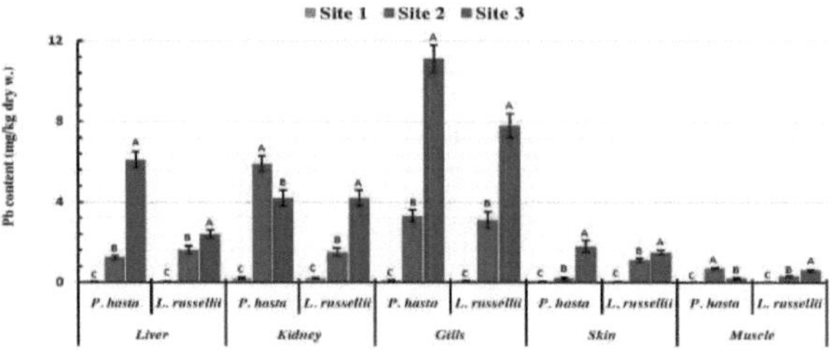

Figura 8: Teores de chumbo (Pb) (mg/kg de peso seco) em alguns órgãos selecionados de *Pomadasys hasta* e *Lutjanus russellii* recolhidos nos sítios estudados (média ± S.E., N= 8).

Para cada tecido de cada espécie de peixe, as barras com a mesma letra não são significativamente diferentes.

- **Cádmio (Cd)**

As concentrações de cádmio nos órgãos selecionados de *P. hasta* e *L. russellii* recolhidos em todos os locais estudados são apresentadas no Quadro 8 e na Fig. 9.

As concentrações de Cd nos órgãos vitais selecionados de ambas as espécies de peixes mostraram diferenças significativas entre os locais estudados.

As concentrações mais elevadas de Cd em todos os tecidos foram registadas em ambas as espécies recolhidas no local 3, enquanto os valores mais baixos foram registados no local 1.

De acordo com o teste *t* entre *P. hasta* e *L. russellii*, os teores hepáticos de cádmio apresentaram diferenças significativas nas amostras do local 1 ($P < 0{,}01$) e do local 3 ($P < 0{,}05$) e diferenças insignificantes nas amostras do local 2 (Quadro 8 e Fig. 9).

Além disso, as concentrações de Cd nos rins de *L. russellii* amostrados no local 2 foram significativamente mais elevadas do que as de *P. hasta*, enquanto as diferenças entre os peixes dos outros locais foram estatisticamente insignificantes (Quadro 8 e Fig. 9).

Os teores de Cd nas brânquias *de P. hasta* colhidos no local de referência revelaram valores significativamente inferiores aos de *L. russellii*, enquanto as diferenças foram insignificantes nas amostras dos outros dois locais (quadro 8 e figura 9).

Comparando os teores de Cd nos tecidos da pele de ambas as espécies de peixes, verificaram-se valores significativamente mais elevados em *L. russellii* amostrados nos locais 1 e 2 e diferenças não significativas nos do local 3 (Quadro 8 e Fig. 9).

O teste *t* entre *P. hasta* e *L. russellii* para os seus teores musculares de cádmio revelou valores significativamente mais elevados em *L. russellii* em todos os locais estudados (Quadro 8 e Fig. 9).

No caso de *P. hasta,* as concentrações de Cd nos órgãos vitais estudados seguiram a ordem de disposição de:

Local 1: rim > fígado = brânquias > pele = músculo
Local 2: brânquias > fígado > rim > pele > músculo
Local 3: brânquias > rim > fígado > pele > músculo

No caso de *L. russellii*, as concentrações de Cd nos órgãos estudados seguiram a seguinte ordem de disposição

Locais 1 e 2: brânquias > fígado = rim > pele > músculo
Local 3: brânquias > rim > fígado > pele > músculo

O padrão de acumulação de cádmio indicou que os órgãos-alvo para a bioacumulação de cádmio eram principalmente as brânquias (Quadro 8 e Fig. 9).

De um modo geral, os presentes resultados no que respeita à bioacumulação de metais esclareceram que as concentrações mais baixas de todos os metais estudados foram detectadas em ambas as espécies de peixes recolhidas no sítio de referência.

Além disso, os presentes dados mostraram que *P. hasta* bioacumulou concentrações mais elevadas de todos os metais pesados estudados do que *L. russellii* em todos os órgãos vitais estudados, com poucas excepções.

Além disso, o Fe e o Cu mostraram as suas concentrações mais elevadas nos tecidos do fígado, enquanto o Zn e o Pb foram altamente bioacumulados nos rins e o Cd revelou as suas concentrações mais elevadas nos tecidos das brânquias. Por outro lado, é óbvio que os tecidos musculares de ambas as espécies de peixes bioacumularam as concentrações mais baixas de metais pesados em todos os locais estudados, com poucas excepções.

Tabela 8: Teores de cádmio (Cd) (mg/kg de peso seco) em alguns órgãos selecionados de *Pomadasys hasta* e *Lutjanus russellii* recolhidos nos locais estudados (média ± S.E., N= 8)

	Fígado			Rim			Guelras			Pele			Músculos		
	P. h.	*L. r.*	*Pt <*	*P. h.*	*L. r.*	*Pt <*	*P. h.*	*L. r.*	*Pt <*	*P. h.*	*L. r.*	*Pt <*	*P. h.*	*L. r.*	*Pt <*
Sítio 1 (Sítio de referência)	0.02[b] 0.004 C	0.04[a] 0.005 C	0.01	0.03[a] 0.004 C	0.04[a] 0.005 C	NS	0.02[b] 0.003 C	0.08[a] 0.005 C	0.01	0.004[b] 0.0004 C	0.02[a] 0.006 B	**0.05**	0.004[b] 0.0004 C	0.01[a] 0.002 C	**0.01**
Sítio 2 (Praia de Al-Dawar)	0.15[a] 0.02 B	0.2[a] 0.01 B	NS	0.09[b] 0.006 B	0.2[a] 0.04 B	0.05	0.3[a] 0.03 B	0.3[a] 0.03 B	NS	0.06[b] 0.005 B	0.1[a] 0.02 A	**0.05**	0.01[b] 0.001 B	0.04[a] 0.005 B	**0.01**
Sítio 3 (aldeia de Urj)	0.58[a] 0.05 A	0.4[b] 0.04 A	0.05	0.87[a] 0.06 A	0.7[a] 0.07 A	NS	1.3[a] ± 0.1 A	1.1[a] ± 0.1 A	NS	0,1[a] ± 0,01 A	0.2[a] 0.03 A	NS	0.05[b] 0.004 A	0.07[a] 0.009 A	**0.05**
PF <	**0.01**	**0.01**		**0.01**	**0.01**		**0.01**	**0.01**		**0.01**	**0.05**		**0.01**	**0.01**	

As médias com a mesma letra maiúscula na mesma coluna e as médias com a mesma letra minúscula em sobrescrito na mesma coluna para cada parâmetro não são significativamente diferentes.

PF : Valor p do teste F. efectuado entre três locais para cada parâmetro e cada espécie de peixe.

Pt : Valor p do teste *t* de student efectuado entre *Pomadasys hasta* (*P. h.*) e *Lutjanus russellii* (*L. r.*) para cada parâmetro em cada local.

NS: não significativamente diferente

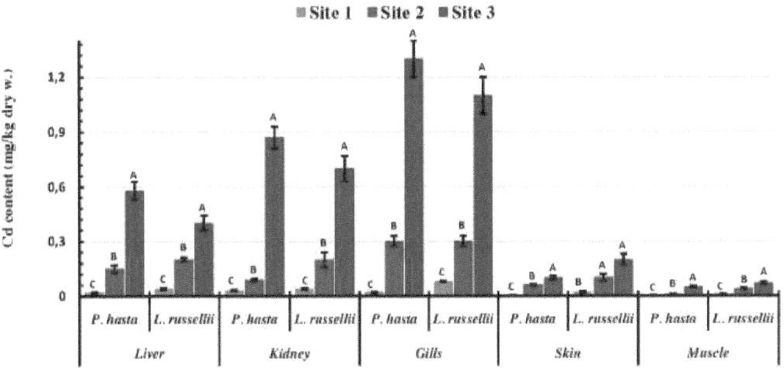

Figura 9 Teores de cádmio (Cd) (mg/kg de peso seco) em alguns órgãos selecionados de *Pomadasys hasta* e *Lutjanus russellii* colhidos nos locais estudados (média ± S.E., N= 8).

Para cada tecido de cada espécie de peixe, as barras com a mesma letra não são significativamente diferentes.

Fator de bioacumulação (BAF)

O fator de bioacumulação (BAF) dos metais pesados selecionados em todos os órgãos vitais estudados de *P. hasta* e *L. russellii* é apresentado nos Quadros 9-13 e Figuras 10-14.

Os tecidos hepáticos de *P. hasta* colhidos no local 3 bioacumulavam Cu, Zn, Pb e Cd em quantidades mais elevadas do que os dos outros locais, enquanto a quantidade mais elevada de Fe foi registada nas amostras do local 1. Além disso, os tecidos hepáticos de *L. russellii* colhidos no local de referência bioacumulavam quantidades mais elevadas de Fe e Zn em comparação com os dos outros locais estudados, enquanto as amostras colhidas no local 2 bioacumulavam Pb e Cd em quantidades mais elevadas do que as dos outros locais, enquanto a quantidade mais elevada de Cu foi registada nas amostras do local 3 (quadro 9 e figura 10).

O quadro 10 mostra claramente que os tecidos renais de *P. hasta* recolhidos no local 3 bioacumulavam quantidades mais elevadas de Cu, Zn e Cd do que os dos outros locais, enquanto os peixes recolhidos nos locais 1 e 2 bioacumulavam as quantidades mais elevadas de Fe e Pb, respetivamente. Além disso, os tecidos renais de *L. russellii* recolhidos no local 3 bioacumulavam quantidades mais elevadas de todos os metais pesados estudados do que os dos outros locais (Quadro 10 e Fig. 11).

Os tecidos branquiais de ambas as espécies de peixes recolhidos no local 3 bioacumularam quantidades mais elevadas de todos os metais pesados estudados, exceto no caso do Fe, que foi mais elevado em *L. russellii* recolhido no local 1 em comparação com os recolhidos nos outros locais (Quadro 11 e Fig. 12).

Os tecidos cutâneos de *P. hasta* colhidos no local 2 bioacumulavam Fe, Zn e Cd em quantidades mais elevadas do que os colhidos nos outros locais, enquanto os colhidos no local 3 bioacumulavam as quantidades mais elevadas de Cu e Pb. Além disso, os tecidos cutâneos de *L. russellii* colhidos no local 3 bioacumulavam quantidades mais elevadas de Fe, Cu, Zn e Pb do que os dos outros locais, enquanto as amostras do local 2 bioacumulavam a quantidade mais elevada de Cd (quadro 12 e figura 13).

Os tecidos musculares de *P. hasta* colhidos no local 3 bioacumulavam quantidades mais elevadas de Fe, Cu, Zn e Cd, enquanto os do local 2 bioacumulavam quantidades mais elevadas de Pb do que os dos outros locais estudados. Além disso, os tecidos musculares de *L. russellii* recolhidos no local 3 bioacumulavam quantidades mais elevadas de Cu, Zn e Pb do que os dos outros locais, enquanto os dos locais 1 e 2 bioacumulavam as quantidades mais elevadas de Fe e Cd, respetivamente (quadro 13 e figura 14).

Quadro 9: Fator de bioacumulação (BAF) dos metais pesados selecionados (l/kg) em fígados de *Pomadasys hasta* e *Lutjanus russellii* recolhidos nos locais estudados

	Fe (l/kg)			Cu (l/kg)			Zn (l/kg)			Pb (l/kg)			Cd (l/kg)		
	Sítio 1	Sítio 2	Sítio 3	Sítio 1	Sítio 2	Sítio 3	Sítio 1	Sítio 2	Sítio 3	Sítio 1	Sítio 2	Sítio 3	Sítio 1	Sítio 2	Sítio 3
P. hasta	21.2	15.0	18.4	12.4	11.9	26.5	37.7	46.4	48.8	5.3	21.4	67.9	3.8	12.2	19.2
L. russellii	8.5	6.0	7.8	6.9	4.6	8.3	13.8	8.3	9.7	6.7	28.1	27.3	10.9	16.8	13.6

Quadro 10: Fator de bioacumulação (BAF) dos metais pesados selecionados (l/kg) nos rins de *Pomadasys hasta* e *Lutjanus russellii* recolhidos nos locais estudados

	Fe (l/kg)			Cu (l/kg)			Zn (l/kg)			Pb (l/kg)			Cd (l/kg)		
	Sítio 1	Sítio 2	Sítio 3	Sítio 1	Sítio 2	Sítio 3	Sítio 1	Sítio 2	Sítio 3	Sítio 1	Sítio 2	Sítio 3	Sítio 1	Sítio 2	Sítio 3
P. hasta	15.8	10.0	14.1	7.4	17.3	17.4	21.4	47.9	65.8	25.0	103.7	47.6	6.8	7.1	28.5
L. russellii	4.5	3.3	8.0	3.8	4.4	5.6	16.3	16.4	21.1	17.3	26.5	47.3	11.3	16.1	21.8

Quadro 11: Fator de bioacumulação (BAF) dos metais pesados selecionados (l/kg) nas brânquias de *Pomadasys hasta* e *Lutjanus russellii* recolhidos nos locais estudados

	Fe (l/kg)			Cu (l/kg)			Zn (l/kg)			Pb (l/kg)			Cd (l/kg)		
	Sítio 1	Sítio 2	Sítio 3	Sítio 1	Sítio 2	Sítio 3	Sítio 1	Sítio 2	Sítio 3	Sítio 1	Sítio 2	Sítio 3	Sítio 1	Sítio 2	Sítio 3
P. hasta	2.7	1.8	3.5	3.0	3.1	5.4	7.3	5.9	13.2	9.8	54.0	88.1	21.9	27.5	35.7
L. russellii	10.1	7.5	7.7	7.1	8.7	17.6	9.3	29.4	37.2	16.3	57.5	124.0	4.2	21.1	41.5

Quadro 12: Fator de bioacumulação (BAF) dos metais pesados selecionados (l/kg) em peles de *Pomadasys hasta* e *Lutjanus russellii* recolhidas nos locais estudados

	Fe (l/kg)			Cu (l/kg)			Zn (l/kg)			Pb (l/kg)			Cd (l/kg)		
	Sítio 1	Sítio 2	Local 3	Sítio 1	Sítio 2	Local 3	Sítio 1	Sítio 2	Sítio 3	Sítio 1	Sítio 2	Local 3	Sítio 1	Sítio 2	Local 3
P. hasta	8.4	21.2	13.7	5.0	5.5	8.0	12.6	31.2	21.1	7.7	3.8	20.4	1.1	4.5	3.4
L. russellii	4.1	4.3	7.4	1.9	2.1	2.8	3.9	3.1	6.3	5.4	15.9	16.5	5.6	9.3	5.1

Quadro 13: Fator de bioacumulação (BAF) dos metais pesados selecionados (l/kg) nos músculos de *Pomadasys hasta* e *Lutjanus russellii* recolhidos nos locais estudados

	Fe (l/kg)			Cu (l/kg)			Zn (l/kg)			Pb (l/kg)			Cd (l/kg)		
	Sítio 1	Sítio 2	Sítio 3	Sítio 1	Sítio 2	Sítio 3	Sítio 1	Sítio 2	Sítio 3	Sítio 1	Sítio 2	Sítio 3	Sítio 1	Sítio 2	Sítio 3
P. hasta	4.3	4.9	5.3	2.8	3.1	8.1	5.8	5.1	11.5	3.6	12.7	2.3	0.9	0.8	1.5
L. russellii	1.4	0.7	1.3	1.4	0.7	3.1	1.7	1.5	3.1	2.6	4.7	7.3	2.8	3.1	2.5

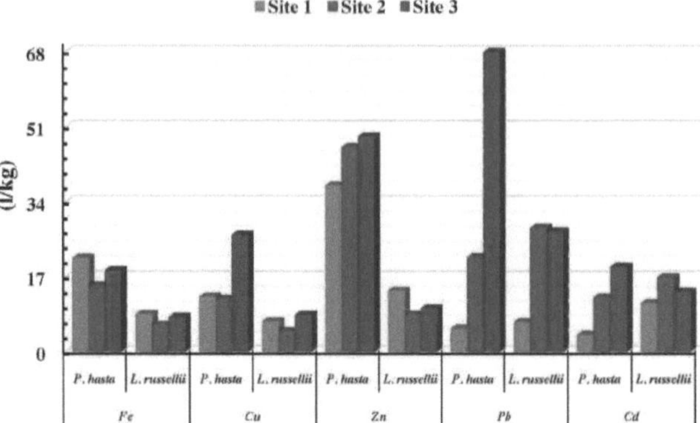

Figura 10 Fator de bioacumulação (BAF) dos metais pesados selecionados (l/kg) em fígados de *Pomadasys hasta* e *Lutjanus russellii* recolhidos nos locais estudados.

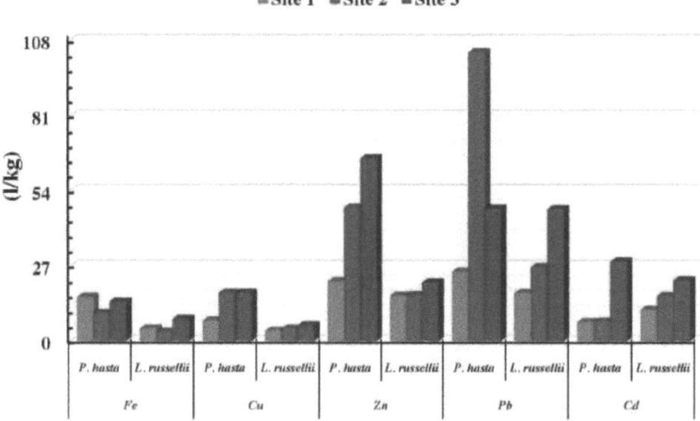

Figura 11 Fator de bioacumulação (BAF) dos metais pesados selecionados (l/kg) nos rins de *Pomadasys hasta* e *Lutjanus russellii* recolhidos nos locais estudados.

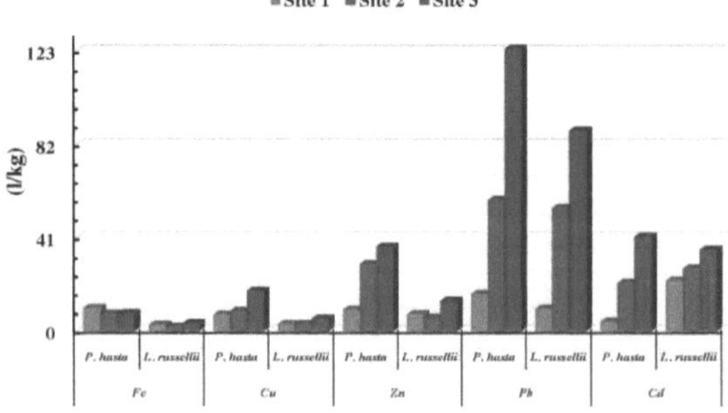

Figura 12 Fator de bioacumulação (BAF) dos metais pesados selecionados (l/kg) nas brânquias de *Pomadasys hasta* e *Lutjanus russellii* recolhidos nos locais estudados.

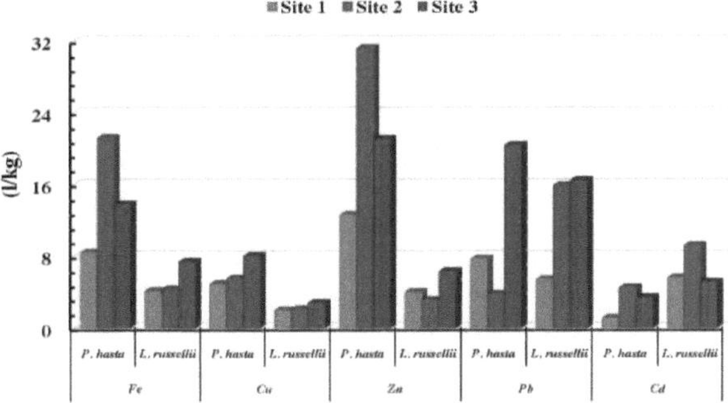

Figura 13 Fator de bioacumulação (BAF) dos metais pesados selecionados (l/kg) em peles de *Pomadasys hasta* e *Lutjanus russellii* recolhidas nos locais estudados.

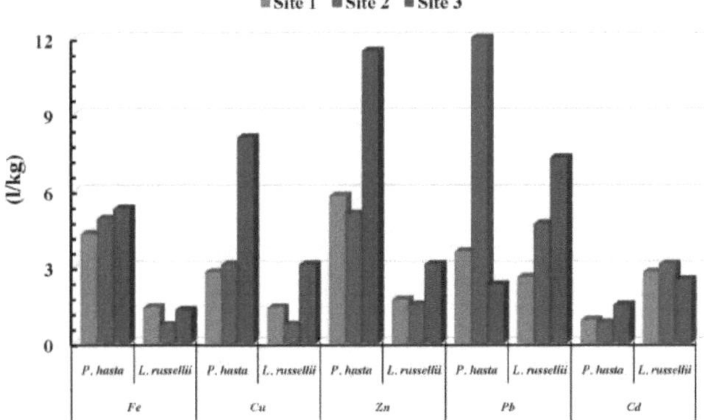

Figura 14 Fator de bioacumulação (BAF) dos metais pesados selecionados (l/kg) nos músculos de *Pomadasys hasta* e *Lutjanus russellii* recolhidos nos locais estudados.

Índice de poluição por metais (MPI)

Os valores do índice de poluição por metais (MPI) dos metais pesados selecionados em todos os tecidos estudados de *P. hasta* e *L. russellii* recolhidos em todos os locais estudados foram calculados e registados (Quadro 14 e Fig. 15).

A distribuição dos metais pesados estudados ao longo dos sítios estudados foi efectuada pela seguinte ordem: sítio 3 > sítio 2 > sítio 1 (Quadro 14 e Fig. 15).

Quadro 14: Índice de poluição por metais (MPI) dos metais pesados selecionados em todos os órgãos vitais estudados de *Pomadasys hasta* e *Lutjanus russellii* recolhidos nos locais estudados

	Fígado			Rim			Anfíbio			Pele			Músculo		
	Sítio 1	Sítio 2	Sítio 3	Sítio 1	Sítio 2	Sítio 3	Sítio 1	Sítio 2	Sítio 3	Sítio 1	Sítio 2	Sítio 3	Sítio 1	Sítio 2	Sítio 3
P. hasta	0.8	5.4	15.6	1.0	6.7	14.5	0.6	5.5	15.0	0.4	2.7	5.4	0.2	1.1	2.2

| *L. russellii* | 0.7 | 3.0 | 5.9 | 0.6 | 2.9 | 7.8 | 0.5 | 2.6 | 7.5 | 0.3 | 1.6 | 3.2 | 0.1 | 0.5 | 1.5 |

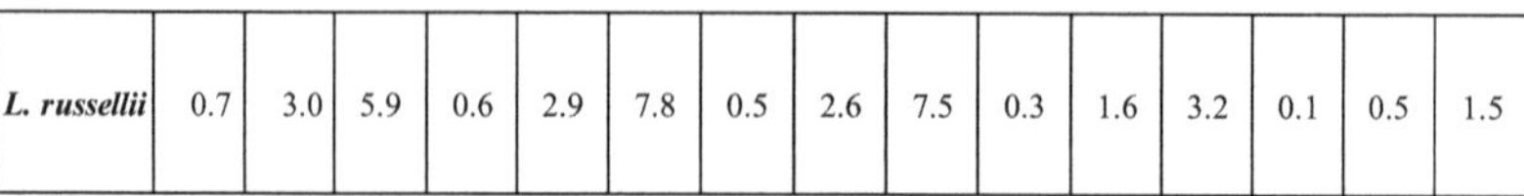

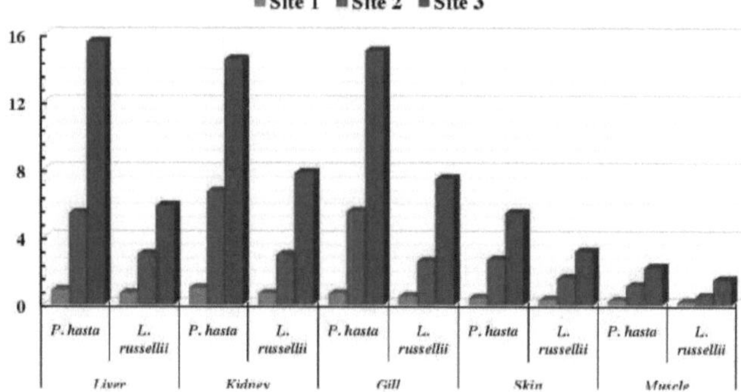

Figura 15 Índice de poluição por metais (MPI) dos metais pesados selecionados em todos os órgãos vitais estudados de *Pomadasys hasta* e **Lutjanus** *russellii* recolhidos nos locais estudados.

<u>**Avaliação dos riscos para o ser humano**</u>

* **Dose média diária (DDA)**

As concentrações médias dos metais pesados selecionados nos tecidos muscular e cutâneo (tecidos comestíveis) de ambas as espécies de peixe recolhidas nos locais estudados foram utilizadas para estimar a dose média diária (DDA) para consumidores iemenitas adultos normais (Quadros 15 e 16) e para pescadores subsistentes ou consumidores habituais de peixe (Quadros 17 e 18).

Os quadros 15, 16, 17 e 18 mostram claramente que os valores de ADD em ambas as taxas de ingestão (consumidores normais e habituais de peixe) nas amostras de peixe recolhidas nos locais 2 e 3 foram superiores aos do local de referência.

* **Índice de risco (HI)**

O rácio entre a dose diária média (DDA) e a dose oral de referência (DRf oral) foi utilizado para determinar o índice de perigo (IH) para cada metal pesado estudado em ambas as taxas de ingestão (consumidores normais e habituais de peixe) (Quadros 19-22 e Figs. 16-19).

Os valores de HI para o consumo muscular foram inferiores a 1,0 para todos os metais pesados estudados em ambas as taxas de ingestão (consumidores normais e habituais de peixe) (Tabelas 19 & 20 e Figs. 16 & 17).

Entretanto, os valores de HI para o consumo de pele em ambas as taxas de ingestão (consumidores normais e habituais de peixe) foram inferiores a 1,0 para os metais pesados estudados, exceto o Pb que mostrou um valor marginal de 1,03 no caso de consumo subsistente de *P. hasta* recolhido no local 3 (Tabelas 21 & 22 e Figs. 18 & 19).

Quadro 15: Dose média diária (DDA) dos metais pesados selecionados (mg/kg/dia) em músculos de *Pomadasys hasta* e *Lutjanus russellii* para consumo de adultos iemenitas

	Fe (mg/kg/dia)			Cu (mg/kg/dia)			Zn (mg/kg/dia)			Pb (mg/kg/dia)			Cd (mg/kg/dia)		
	Sítio 1	Sítio 2	Sítio 3	Sítio 1	Sítio 2	Sítio 3	Sítio 1	Sítio 2	Sítio 3	Sítio 1	Sítio 2	Sítio 3	Sítio 1	Sítio 2	Sítio 3
P. hasta	0.0009	0.004	0.006	0.0002	0.001	0.004	0.0004	0.001	0.004	0.00001	0.0002	0.0001	0.000001	0.000002	0.00001

	Fe (mg/kg/dia)			Cu (mg/kg/dia)			Zn (mg/kg/dia)			Pb (mg/kg/dia)			Cd (mg/kg/dia)		
L. russellii	0.0003	0.0006	0.001	0.0001	0.0002	0.001	0.0001	0.0003	0.001	0.00001	0.00007	0.0002	0.000003	0.00001	0.00002

Quadro 16: Dose média diária (DDA) dos metais pesados selecionados (mg/kg/dia) nos músculos de *Pomadasys hasta* e *Lutjanus russellii* para consumo dos pescadores ou outros consumidores habituais de peixe

	Fe (mg/kg/dia)			Cu (mg/kg/dia)			Zn (mg/kg/dia)			Pb (mg/kg/dia)			Cd (mg/kg/dia)		
	Sítio 1	Sítio 2	Local 3	Sítio 1	Sítio 2	Local 3	Sítio 1	Sítio 2	Local 3	Sítio 1	Sítio 2	Sítio 3	Sítio 1	Sítio 2	Sítio 3
P. hasta	0.007	0.031	0.046	0.002	0.008	0.029	0.003	0.008	0.033	0.000006	0.0015	0.0004	0.0000007	0.00002	0.00009
L. russellii	0.002	0.004	0.011	0.0008	0.002	0.011	0.0010	0.002	0.009	0.00005	0.0005	0.0013	0.00002	0.00008	0.0002

Quadro 17: Dose média diária (DDA) dos metais pesados selecionados (mg/kg/dia) na pele de *Pomadasys hasta* e *Lutjanus russellii* para consumo de adultos iemenitas

	Fe (mg/kg/dia)			Cu (mg/kg/dia)			Zn (mg/kg/dia)			Pb (mg/kg/dia)			Cd (mg/kg/dia)		
	Sítio 1	Sítio 2	Sítio 3	Sítio 1	Sítio 2	Sítio 3	Sítio 1	Sítio 2	Sítio 3	Sítio 1	Sítio 2	Sítio 3	Sítio 1	Sítio 2	Sítio 3
P. hasta	0.002	0.02	0.02	0.0004	0.002	0.004	0.001	0.006	0.008	0.00002	0.00006	0.0005	0.0000001	0.0000014	0.00003
L. russellii	0.001	0.004	0.008	0.0001	0.0007	0.001	0.0003	0.0006	0.002	0.00001	0.0002	0.0004	0.00001	0.00003	0.00004

Quadro 18: Dose média diária (DDA) dos metais pesados selecionados (mg/kg/dia) na pele de *Pomadasys hasta* e *Lutjanus russellii* para consumo de pescadores ou outros consumidores habituais de peixe

	Fe (mg/kg/dia)			Cu (mg/kg/dia)			Zn (mg/kg/dia)			Pb (mg/kg/dia)			Cd (mg/kg/dia)		
	Sítio 1	Sítio 2	Sítio 3	Sítio 1	Sítio 2	Sítio 3	Sítio 1	Sítio 2	Sítio 3	Sítio 1	Sítio 2	Sítio 3	Sítio 1	Sítio 2	Sítio 3
P. hasta	0.014	0.14	0.120	0.003	0.015	0.029	0.007	0.048	0.061	0.0001	0.00004	0.0037	0.0000008	0.00011	0.0002
L. russellii	0.007	0.028	0.065	0.001	0.006	0.010	0.002	0.005	0.018	0.0001	0.002	0.003	0.00004	0.00024	0.0003

Quadro 19: Índice de perigo (HI) dos metais pesados selecionados (mg/kg/dia) em músculos de *Pomadasys hasta* e *Lutjanus russellii* para consumo de adultos iemenitas

	Fe			Cu			Zn			Pb			Cd		
	Sítio 1	Sítio 2	Sítio 3	Sítio 1	Sítio 2	Sítio 3	Sítio 1	Sítio 2	Sítio 3	Sítio 1	Sítio 2	Sítio 3	Sítio 1	Sítio 2	Sítio 3
P. hasta	0.001	0.006	0.009	0.002	0.007	0.027	0.001	0.005	0.015	0.002	0.05	0.01	0.001	0.002	0.012
L. russellii	0.0005	0.0009	0.002	0.001	0.002	0.010	0.0004	0.001	0.004	0.002	0.02	0.05	0.003	0.010	0.020

Quadro 20: Índice de perigo (HI) dos metais pesados selecionados (mg/kg/dia) nos músculos de *Pomadasys hasta* e *Lutjanus russellii* para consumo dos pescadores ou outros consumidores habituais de peixe

	Fe			Cu			Zn			Pb			Cd		
	Sítio 1	Sítio 2	Sítio 3	Sítio 1	Sítio 2	Sítio 3	Sítio 1	Sítio 2	Sítio 3	Sítio 1	Sítio 2	Sítio 3	Sítio 1	Sítio 2	Sítio 3
P. hasta	0.01	0.05	0.07	0.01	0.06	0.21	0.01	0.03	0.12	0.02	0.41	0.12	0.01	0.02	0.09
L. russellii	0.004	0.007	0.02	0.006	0.014	0.08	0.003	0.008	0.03	0.013	0.15	0.37	0.02	0.08	0.16

Quadro 21: Índice de perigo (HI) dos metais pesados selecionados (mg/kg/dia) na pele de *Pomadasys hasta* e *Lutjanus russellii* para consumo de adultos iemenitas

	Fe			Cu			Zn			Pb			Cd		
	Sítio 1	Sítio 2	Sítio 3	Sítio 1	Sítio 2	Sítio 3	Sítio 1	Sítio 2	Sítio 3	Sítio 1	Sítio 2	Sítio 3	Sítio 1	Sítio 2	Sítio 3
P. hasta	0.003	0.03	0.02	0.003	0.01	0.03	0.003	0.02	0.03	0.005	0.02	0.13	0.001	0.014	0.03
L. russellii	0.001	0.005	0.01	0.001	0.005	0.009	0.001	0.002	0.008	0.003	0.07	0.11	0.005	0.03	0.04

Quadro 22: Índice de perigo (HI) dos metais pesados selecionados (mg/kg/dia) na pele de *Pomadasys hasta* e *Lutjanus russellii* para consumo de pescadores ou outros consumidores habituais de peixe

	Fe			Cu			Zn			Pb			Cd		
	Sítio 1	Sítio 2	Sítio 3	Sítio 1	Sítio 2	Sítio 3	Sítio 1	Sítio 2	Sítio 3	Sítio 1	Sítio 2	Sítio 3	Sítio 1	Sítio 2	Sítio 3
P. hasta	0.02	0.21	0.19	0.02	0.10	0.21	0.02	0.17	0.22	0.04	0.12	1.03	0.01	0.11	0.21
L. russellii	0.01	0.04	0.10	0.01	0.04	0.07	0.01	0.02	0.06	0.03	0.52	0.83	0.04	0.24	0.31

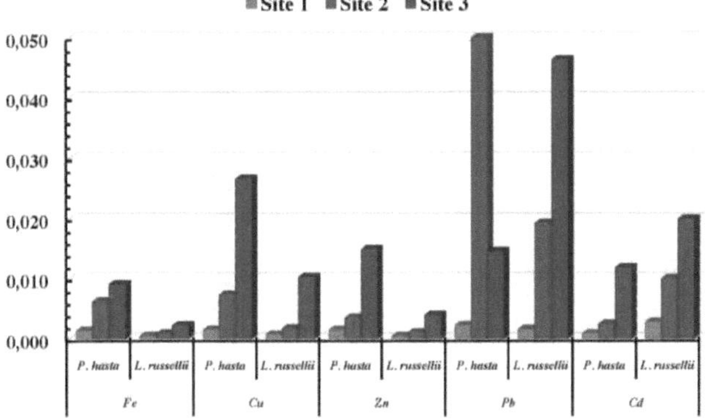

Figura 16 Índice de perigo (HI) dos metais pesados selecionados (mg/kg/dia) nos músculos de *Pomadasys hasta* e *Lutjanus russellii* para consumo de adultos iemenitas.

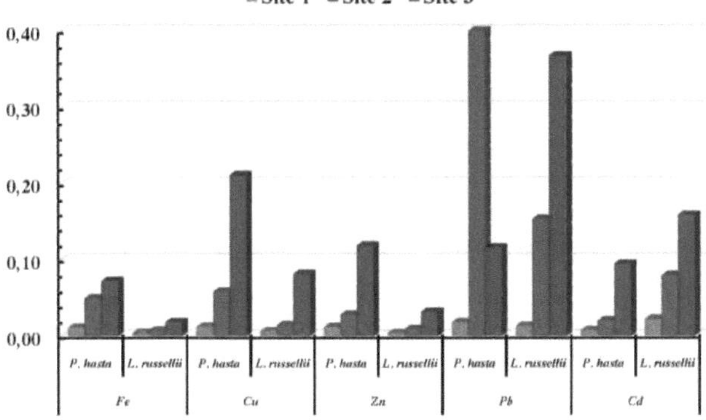

Figura 17 Índice de perigo (HI) dos metais pesados selecionados (mg/kg/dia) nos músculos de *Pomadasys hasta* e *Lutjanus russellii* para consumo dos pescadores ou outros consumidores habituais de peixe.

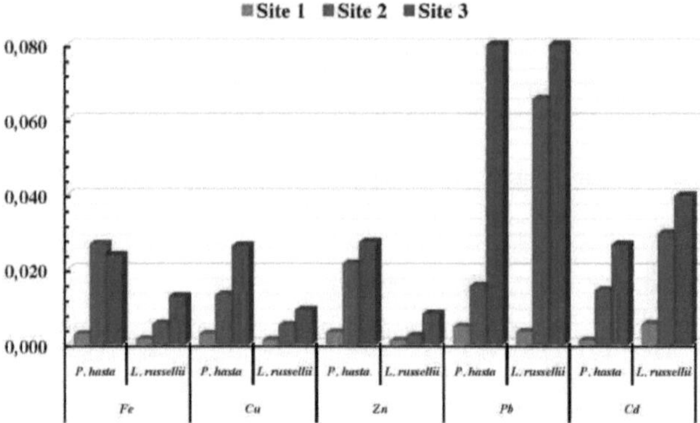

Figura 18 Índice de perigo (HI) dos metais pesados selecionados (mg/kg/dia) na pele de *Pomadasys hasta* e *Lutjanus russellii* para consumo de adultos iemenitas.

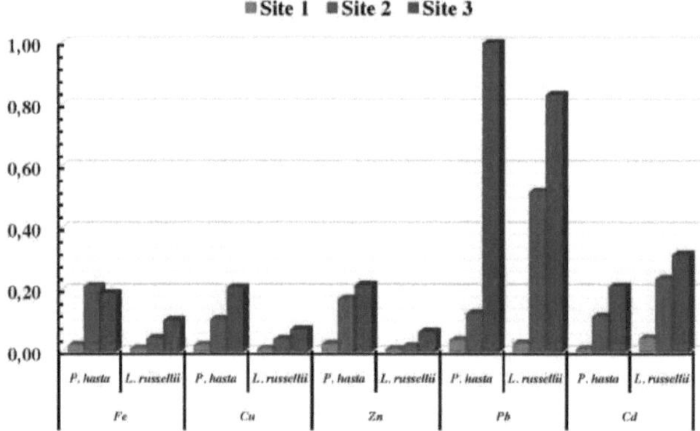

Figura 19 Índice de perigo (HI) dos metais pesados selecionados (mg/kg/dia) na pele de *Pomadasys hasta* e *Lutjanus russellii* para consumo de pescadores ou outros consumidores habituais de peixe.

Índices de crescimento

O peso corporal, o peso do fígado, o comprimento total do corpo, o índice hepatossomático (HSI) e o fator de condição (K) de *P. hasta* e *L. russellii* recolhidos em todos os locais estudados são apresentados no Quadro 23 e na Fig. 20.

- **Peso corporal dos peixes**

Os pesos corporais totais de *P. hasta* e *L. russellii* mostraram diferenças insignificantes entre todos os locais estudados. O teste *t* revelou que o peso corporal de *P. hasta* foi significativamente mais elevado do que o de *L. russellii* em todos os locais estudados (Quadro 23 e Fig. 20).

- **Peso do fígado**

Os valores médios do peso do fígado de *P. hasta* e *L. russellii* revelaram diferenças significativas ($P < 0,05$) entre os locais estudados. Os valores mais elevados do peso do fígado foram registados em ambas as espécies de peixes recolhidos no local de referência. Os pesos do fígado foram significativamente mais elevados em *P. hasta* do que em *L. russellii* em todos os locais estudados (Quadro 23 e Fig. 20).

- **Comprimento total do corpo**

O comprimento total do corpo de ambas as espécies de peixes não apresentou diferenças significativas entre os locais de recolha. De acordo com o teste *t*, as diferenças no comprimento total do corpo entre *P. hasta* e *L. russellii* foram significativas em todos os locais estudados (Tabela 23 e Fig. 20).

- **Índice hepatossomático (HSI)**

Os valores de HSI em *P. hasta* foram significativamente diferentes ($P < 0,01$) entre os sítios estudados, enquanto em *L. russellii* as diferenças foram estatisticamente insignificantes. A partir do quadro 23, é evidente que os valores de HSI em *P. hasta* recolhidos no sítio de referência foram significativamente mais elevados do que os dos dois outros sítios poluídos. O teste *t* indicou que apenas o local 1 apresentou diferenças significativas entre *P. hasta* e *L. russellii* nos valores de HIS (Quadro 23 e Fig. 20).

- **Fator de condição (K)**

Os valores médios do fator de condição em *P. hasta* revelaram diferenças não significativas entre os locais estudados, enquanto em *L. russellii* as diferenças foram significativas ($P < 0,01$). Os valores mais elevados do fator de condição em *L. russellii* foram registados em amostras do local de referência. Os valores de K em *P. hasta* recolhidos nos locais 2 e 3 foram significativamente mais elevados ($P < 0,01$) do que os de *L. russellii*, enquanto as diferenças foram insignificantes nas amostras do local 1 (quadro 23 e figura 20).

Tabela 23: Peso corporal (g), peso do fígado (g), comprimento total (cm), índice hepatossomático (HSI, %) e fator de condição (K) de *Pomadasys hasta* e *Lutjanus russellii* recolhidos nos locais estudados (média ± S.E., N= 8)

	Peso do peixe (g)			Peso do fígado (g)			Comprimento total (cm)			HSI (%)			K		
	P. h.	*L. r.*	*Pt <*	*P. h.*	*L. r.*	*Pt <*	*P. h.*	*L. r.*	*Pt <*	*P. h.*	*L. r.*	*Pt <*	*P. h.*	*L. r.*	*Pt <*
Sítio 1 (Sítio de referência)	298.4 a ± 3.70 A	250.2[b] ± 7.60 A	**0.01**	4.2[a] 0.06 A	2.5[b] ± 0.06 A	**0.01**	30.1[a] ± 0.50 A	26,8[b] ± 0,40 A	**0.01**	1.4[a] 0.01 A	1.3[b] ± 0.02 A	**0.01**	1.1[a] 0.05 A	1.0[a] ± 0.02 A	NS
Sítio 2 (Praia de Al-Dawar)	300,2[a] ± 4,00 A	249,6[b] ± 4,50 A	**0.01**	4.1[a] 0,04 AB	2.3[b] ± 0.03 B	**0.01**	30.0[a] ± 0.50 A	26,7[b] ± 0,20 A	**0.01**	1.34[a] 0.02 B	1.3[a] ± 0.01 A	NS	1.1[a] 0.05 A	0.9[b] ± 0.01 B	**0.01**
Sítio 3 (aldeia de Urj)	298,6[a] ± 6,30 A	251.8[b] ± 7.90 A	**0.01**	3.9[a] 0.05 B	2.34[b] ± 0,05 AB	**0.01**	29.5[a] ± 0.40 A	26,9[b] ± 0,20 A	**0.01**	1.33[a] 0.03 B	1.3[a] ± 0.02 A	NS	1,2[a] 0,±03 A	0.9[b] ± 0.01 B	**0.01**
PF <	NS	NS		0.05	0.05		NS	NS		0.01	NS		NS	0.01	

As médias com a mesma letra maiúscula na mesma coluna e as médias com a mesma letra minúscula em sobrescrito na mesma coluna para cada parâmetro não são significativamente diferentes.

PF : Valor p do teste F. efectuado entre três locais para cada parâmetro e cada espécie de peixe.

Pt : Valor p do teste *t* de student efectuado entre *Pomadasys hasta* (*P. h.*) e *Lutjanus russellii* (*L. r.*) para cada parâmetro em cada local.

NS: não significativamente diferente.

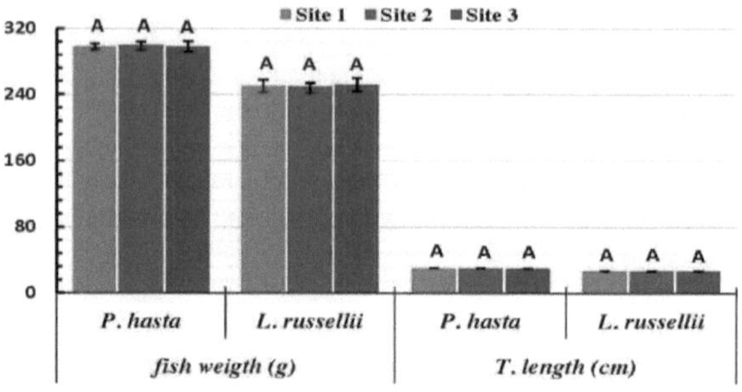

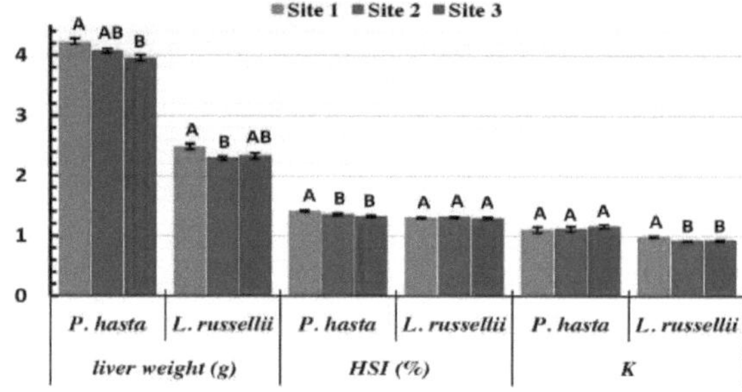

Figura 20: Peso corporal (g), comprimento total (cm), peso do fígado (g), índice hepatossomático (HSI, %) e fator de condição (K) de *Pomadasys hasta* e *Lutjanus russellii* recolhidos nos locais estudados (média ± S.E., N= 8).
Para cada parâmetro em cada espécie de peixe, as barras com a mesma letra não são significativamente diferentes.

<u>**Análises sanguíneas**</u>

- Biomarcadores indicativos de stress oxidativo

As actividades da catalase e da glutationa-S-transferase (GST), bem como o nível de malondialdeído (MDA) no plasma de *P. hasta* e *L. russellii* recolhidos em todos os locais estudados são apresentados no Quadro 24 e na Fig. 21.

I. Catalase

A análise de variância de uma via (ANOVA) mostrou que os valores da catalase em ambas as espécies de peixes eram significativamente diferentes ($P < 0,01$) entre os locais estudados. Os valores mais elevados da atividade da catalase foram registados em ambas as espécies de peixes recolhidos no local de referência. O teste *t* mostrou que as actividades da catalase em *L. russellii* eram significativamente mais elevadas ($P < 0,01$) do que as de *P. hasta* em todos os locais estudados, exceto nas amostras do local 1 (Quadro 24 e Fig. 21).

II. Glutatião-S- transferase (GST)

Os valores médios das actividades de GST em ambas as espécies de peixes revelaram diferenças significativas ($P < 0,01$) entre os locais estudados. Os valores mais elevados de GST foram registados em *P. hasta* recolhido no local 2 e em *L. russellii* recolhido no local 3. O teste *t* mostrou que as actividades de GST em *L. russellii* eram significativamente mais elevadas do que as de *P. hasta* em todos os locais estudados (Quadro 24 e Fig. 21).

III. Malondialdeído (MDA)

Relativamente aos níveis plasmáticos de MDA em ambas as espécies de peixes, verificaram-se diferenças significativas ($P < 0,01$) entre todos os locais estudados. Em *P. hasta*, os níveis mais elevados de MDA foram detectados em amostras recolhidas no local 3, enquanto que em *L. russellii*, os valores mais elevados foram detectados em amostras recolhidas no local 2. Os níveis de MDA em *L. russellii* foram significativamente mais elevados do que os de *P. hasta* em amostras colhidas nos locais 1 e 2, mas as diferenças foram insignificantes nas amostras do local 3 (Quadro 24 e Fig. 21).

Quadro 24: Actividades da catalase (U/l) e da glutationa-S-transferase (GST, U/l) e nível de malondialdeído (MDA, nmol/ml) no plasma de *Pomadasys hasta* e *Lutjanus russellii* recolhidos nos locais estudados (média ± S.E., N= 8)

	Catalase (U/l)			GST (U/l)			MDA (nmol/ml)		
	P. h.	*L. r.*	*Pt <*	*P. h.*	*L. r.*	*Pt <*	*P. h.*	*L. r.*	*Pt <*
Sítio 1 (sítio de referência)	45,3a ± 4,5 A	56,8a ± 5,3 A	NS	1,0[b] ± 0,2 C	2.1a ± 0.4 C	0.05	2.5[b] ± 0.2 C	4,4a ± 0,4 C	0.01
Sítio 2 (Praia de Al-Dawar)	13,2[b] ± 1,9 B	24.8a ± 2.1 B	0.01	4,1[b] ± 0,5 A	6,0a ± 0,5 B	0.05	3.8[b] ± 0.2 B	9.1a ± 0.7 A	0.01
Sítio 3 (aldeia de Urj)	6.8[b] ± 0.8 C	14,3a ± 1,2 C	0.01	3.1[b] ± 0.1 B	8,0a ± 0,4 A	0.01	5,2a ± 0,6 A	6.6a ± 0.5 B	NS
$P_F <$	0.01	0.01		0.01	0.01		0.01	0.01	

As médias com a mesma letra maiúscula na mesma coluna e as médias com a mesma letra minúscula em sobrescrito na mesma coluna para cada parâmetro não são significativamente diferentes.

PF : Valor p do teste F. efectuado entre três locais para cada parâmetro e cada espécie de peixe.

Pt : Valor p do teste *t* de student efectuado entre *Pomadasys hasta* (*P. h.*) e *Lutjanus russellii* (*L. r.*) para cada parâmetro em cada local.

NS: não significativamente diferente.

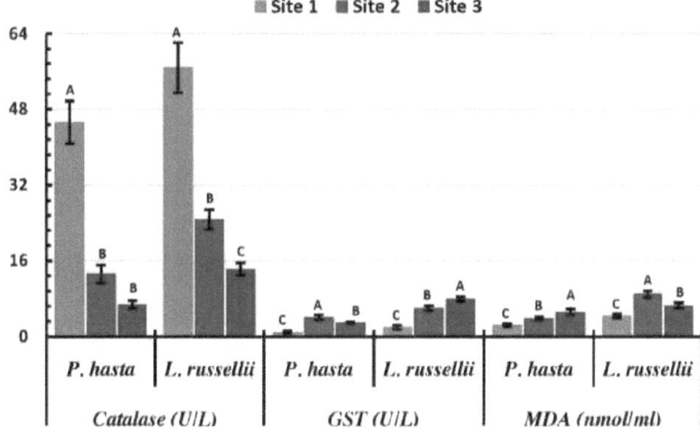

Figura 21: As actividades da catalase (U/l) e da glutationa-S- transferase (GST, U/l) e o nível de malondialdeído (MDA, nmol/ml) no plasma de *Pomadasys hasta* e *Lutjanus russellii* recolhidos nos locais estudados (média ± S.E., N= 8).

Para cada parâmetro em cada espécie de peixe, as barras com a mesma letra não são significativamente diferentes.

- Biomarcadores indicativos das funções hepática e renal

As actividades da alanina aminotransferase (ALT) e da aspartato aminotransferase (AST), bem como os níveis de ureia e creatinina no plasma de *P. hasta* e *L. russellii* são apresentados no quadro 25 e nas figuras 22 e 23.

I. ALT

As actividades de ALT no plasma de ambas as espécies de peixes indicaram que existiam diferenças significativas ($P < 0,01$) entre os locais estudados. As actividades da ALT foram significativamente mais baixas em ambas as espécies de peixes recolhidas no local de referência do que nas recolhidas nos outros locais. De acordo com o teste *t*, as actividades de ALT em *P. hasta* foram significativamente mais elevadas do que as de *L. russellii* em todos os locais estudados (Quadro 25 e Fig. 22).

II. AST

Os valores médios das actividades de AST em *P. hasta* e *L. russellii* foram significativamente diferentes ($P < 0,01$) em todos os locais estudados. Os valores mais baixos de AST foram detectados em ambas as espécies de peixes recolhidos no local de referência. As actividades de AST em *P. hasta* foram significativamente mais elevadas do que as de *L. russellii* em todos os locais estudados (Quadro 25 e Fig. 22).

III. Ureia

Os níveis de ureia em *P. hasta* indicaram diferenças significativas ($P < 0,01$) entre todos os locais estudados, enquanto no caso de *L. russellii* as diferenças foram insignificantes. Em *P. hasta*, os valores mais baixos de ureia foram registados em amostras do local de referência. O teste *t* revelou que os níveis de ureia em *P. hasta* eram significativamente mais elevados do que os de *L. russellii* em todos os sítios estudados (Quadro 25 e Fig. 23).

IV. Creatinina

Relativamente aos níveis de creatinina, não se registaram diferenças significativas em ambas as espécies de peixes em todos os locais estudados. Os níveis de creatinina em *L. russellii* foram significativamente mais elevados do que os de *P. hasta* em todos os locais estudados (Tabela 25 e Fig. 23).

Tabela 25: Actividades da alanina amino transferase (ALT, U/L) e da aspartato amino transferase (AST, U/L) e níveis de ureia (mg/dl) e creatinina (mg/dl) no plasma de *Pomadasys hasta* e *Lutjanus russellii* recolhidos nos locais estudados (média ± S.E., N= 8)

	ALT (U/l)			AST (U/l)			Ureia (mg/dl)			Creatinina (mg/dl)		
	P. h.	*L. r.*	*Pt <*	*P. h.*	*L. r.*	*Pt <*	*P. h.*	*L. r.*	*Pt <*	*P. h.*	*L. r.*	*Pt <*
Sítio 1 (Sítio de referência)	15.0[a] ± 1.8 **B**	7.8b ± 1.0 **B**	**0.05**	111.1[a] ± 12.5 **B**	35.6b ± 5.8 **B**	**0.01**	26,4[a] ± 2,1 **B**	6,4b ± 0,3 **A**	**0.01**	1.1b ± 0.08 **A**	2,02[a] ± 0,2 **A**	**0.0 1**
Sítio 2 (Praia de Al-Dawar)	53,0[a] ± 7,4 **A**	27.1b ± 5.01 **A**	**0.05**	278,0[a] ± 15,8 **A**	105.3b ± 6.1 **A**	**0.01**	46,4[a] ± 2,6 **A**	6,5b ± 0,4 **A**	**0.01**	1.1b ± 0.1 **A**	1.8[a] ± 0.1 **A**	**0.0 1**
Sítio 3 (aldeia de Urj)	49,0[a] ± 6,4 **A**	32.2b ± 2.6 **A**	**0.05**	275,2[a] ± 18,0 **A**	108.1b ± 9.4 **A**	**0.01**	42,8[a] ± 3,8 **A**	6.6b ± 0.7 **A**	**0.01**	1.01b ± 0.09 **A**	1.7[a] ± 0.2 **A**	**0.0 5**
P$_F$ <	0.01	0.01		0.01	0.01		0.01	NS		NS	NS	

As médias com a mesma letra maiúscula na mesma coluna e as médias com a mesma letra minúscula em sobrescrito na mesma coluna para cada parâmetro não são significativamente diferentes.
PF : Valor p do teste F. efectuado entre três locais para cada parâmetro e cada espécie de peixe.
Pt : Valor p do teste *t* de student efectuado entre *Pomadasys hasta* (*P. h.*) e *Lutjanus russellii* (*L. r.*) para cada parâmetro em cada local.
NS: não significativamente diferente.

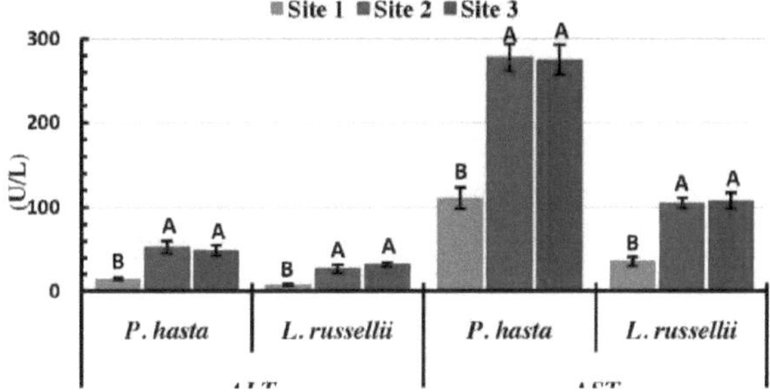

Figura 22 Actividades da alanina amino transferase (ALT, U/l) e da aspartato amino transferase (AST, U/l) no plasma de *Pomadasys hasta* e *Lutjanus russellii* recolhidos nos locais estudados (média ± S.E., N= 8). Para cada parâmetro em cada espécie de peixe, as barras com a mesma letra não são significativamente diferentes.

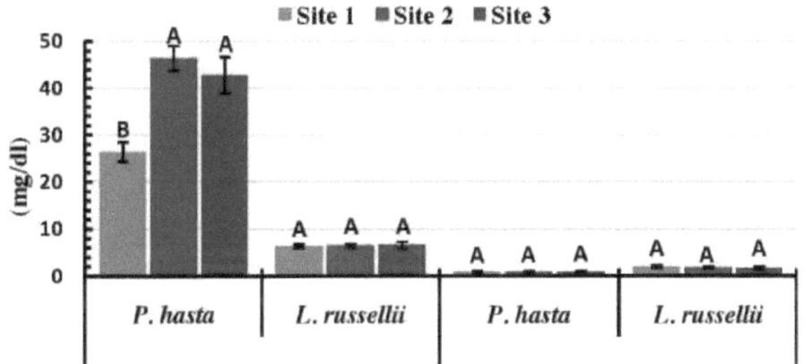

Figura 23 Níveis de ureia (mg/dl) e creatinina (mg/dl) no plasma de *Pomadasys hasta* e *Lutjanus russellii* recolhidos nos locais estudados (média ± S.E., N= 8). Para cada parâmetro em cada espécie de peixe, as barras com a mesma letra não são significativamente diferentes.

- Perfil proteico do plasma

Os dados representativos do perfil de proteínas plasmáticas de *P. hasta* e *L. russellii* recolhidos em todos os locais estudados são apresentados no Quadro 26 e na Fig. 24.

I. Proteína total do plasma

A análise de variância de uma via (ANOVA) revelou que as diferenças nas proteínas totais plasmáticas de ambas as espécies de peixes foram estatisticamente significativas ($P < 0,01$) em todos os locais estudados. Os valores mais elevados de proteínas totais plasmáticas foram registados em ambas as espécies de peixes amostradas no local de referência. Os valores das proteínas totais plasmáticas foram significativamente mais elevados em *P. hasta* do que em *L. russellii* em todos os locais estudados (Quadro 26 e Fig. 24).

II. Albumina

Os teores de albumina em *P. hasta* e *L. russellii* apresentaram diferenças significativas ($P < 0,05$) entre os locais estudados. Os valores mais elevados foram registados em ambas as espécies de peixes recolhidos no local de referência. A aplicação do teste *t* entre *P. hasta* e *L. russellii* para os seus teores de albumina indicou diferenças não significativas em todos os locais estudados (Tabela 26 e Fig. 24).

III. Globulina

Os dados actuais declaram que os valores de globulina em ambas as espécies de peixes foram significativamente diferentes ($P < 0,01$) entre os locais estudados. Os valores mais elevados foram detectados em ambas as espécies de peixe recolhidas no local 1. O conteúdo de globulina em *P. hasta* foi significativamente maior do que o de *L. russellii* em todos os locais estudados (Tabela 26 e Fig. 24).

IV. Rácio A/G

Os valores da relação A/G em ambas as espécies de peixes apresentaram diferenças insignificantes entre os locais estudados. Os valores da relação A/G em *L. russellii* recolhidos nos locais 1 e 2 foram significativamente mais elevados do que os de *P. hasta*, enquanto as diferenças foram insignificantes nas amostras recolhidas no local 3 (Quadro 26 e Fig. 24).

Tabela 26: Perfil proteico do plasma (g/dl) de *Pomadasys hasta* e *Lutjanus russellii* recolhidos nos locais estudados (média ± S.E., N= 8)

	Proteína T. (g/dl)			Albumina (A) (g/dl)			Globulina (G) (g/dl)			Rácio A/G		
	P. h.	*L. r.*	*Pt <*	*P. h.*	*L. r.*	*Pt <*	*P. h.*	*L. r.*	*Pt <*	*P. h.*	*L. r.*	*Pt <*
Sítio 1 (Sítio de referência)	5,1a ± 0,2 A	3,7b ± 0,2 A	0.01	1,4a ± 0,2 A	1,7a ± 0,2 A	NS	3,4a ± 0,2 A	2,0b ± 0,08 A	0.01	0,4b ± 0,08 A	0,8a ± 0,07 A	0.01
Sítio 2 (Praia de Al-Dawar)	3,8a ± 0,2 B	3,1b ± 0,1 B	0.01	1,0ª ± 0,07 B	1.1a ± 0.1 B	NS	2,9a ± 0,12 A	1.7b ± 0.04 B	0.01	0,3b ± 0,02 A	0,7a ± 0,07 A	0.01
Sítio 3 (aldeia de Urj)	3,1ª ± 0,1 C	2,3b ± 0,2 C	0.05	1.1a ± 0.05 B	1.0a ± 0.2 B	NS	2.0a ± 0.11 B	1.3b ± 0.06 C	0.01	0,5a ± 0,04 A	0,8a ± 0,21 A	NS
PF <	0.01	0.01		0.05	0.05		0.01	0.01		NS	NS	

As médias com a mesma letra maiúscula na mesma coluna e as médias com a mesma letra minúscula em sobrescrito na mesma coluna para cada parâmetro não são significativamente diferentes.

PF : Valor p do teste F. efectuado entre três locais para cada parâmetro e cada espécie de peixe.

Pt : Valor p do teste *t* de student efectuado entre *Pomadasys hasta* (*P. h.*) e *Lutjanus russellii* (*L. r.*) para cada parâmetro em cada local.

NS: não significativamente diferente.

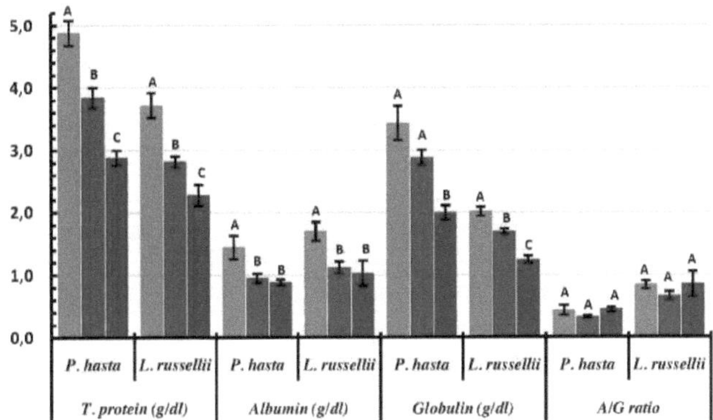

Figura 24: Perfil proteico plasmático (g/dl) de *Pomadasys hasta* e *Lutjanus russellii* recolhidos nos locais estudados (média ± S.E., N= 8).
Para cada parâmetro em cada espécie de peixe, as barras com a mesma letra não são significativamente diferentes.

Exame histopatológico

As secções de brânquias, fígado e rim de ambas as espécies de peixes estudadas são apresentadas nas fotomicrografias 1-6. Foram preparadas oito secções de cada órgão e a condição histopatológica detectada foi considerada positiva se fosse registada em pelo menos 4 das secções examinadas.

- Anfíbio

As secções branquiais de *P. hasta* e *L. russellii* recolhidas nos locais estudados são mostradas nas fotomicrografias 1 e 2, respetivamente.

No caso de *P. hasta*, as amostras colhidas no local de referência mostraram uma estrutura normal das lamelas primárias e secundárias associada a um caso moderado de hiperplasia (Fotomicrografia 1A), enquanto as amostras do local 2 mostraram sinais mais proeminentes de hiperplasia, encurtamento das lamelas secundárias e telangiectasia lamelar (rutura de células pilares nas lamelas secundárias que leva ao espessamento lamelar) (Fotomicrografia 1B). Foi detectada uma alteração histopatológica clara nas amostras do local 3 com efeito combinado de encurtamento e telangiectasia lamelar que levou à fusão lamelar das lamelas secundárias, à separação epitelial e ao edema (fotomicrografia 1C). No caso da *L. russellii*, as amostras do local de referência mostraram hiperplasia e congestão (Fotomicrografia 2A), enquanto as do local 2 mostraram uma clara degeneração das lamelas secundárias representada pelo encurtamento das lamelas secundárias, fusão lamelar, degeneração necrótica e separação do epitélio na base das lamelas secundárias (Fotomicrografia 2B). As amostras do local 3 revelaram uma hiperplasia grave associada à fusão lamelar das lamelas secundárias, congestão e edema ao longo de toda a estrutura branquial (fotomicrografia 2C).

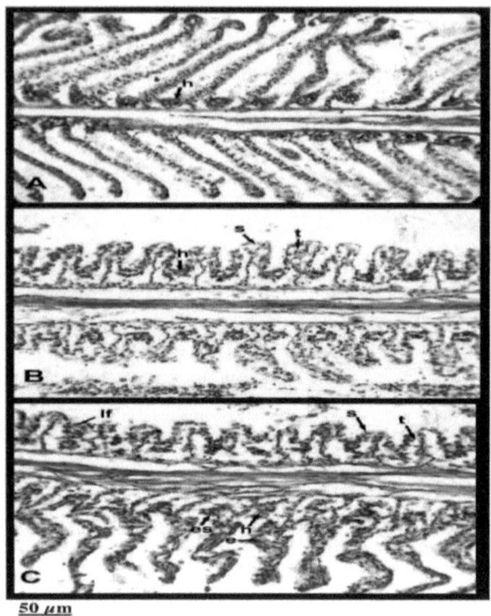

Fotomicrografia (1): Secções histológicas nas brânquias de *P. hasta* recolhidas no local 1 (A), local 2 (B) e local 3 (C) (H&E, X400).
h, hiperplasia; s, encurtamento; t, telangiectasia; lf, fusão lamelar; es, separação epitelial; e, edema

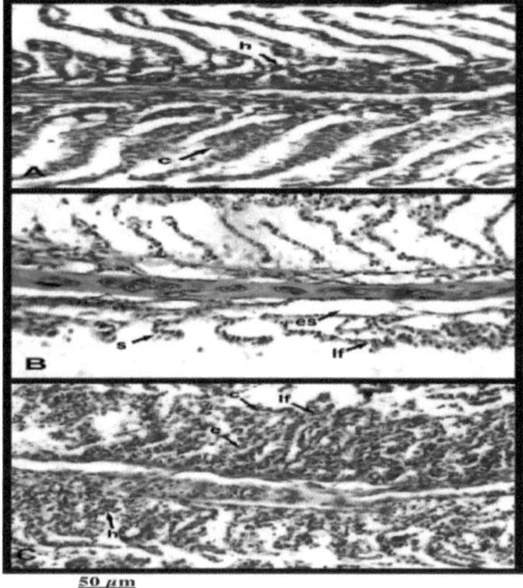

Fotomicrografia (2): Secções histológicas nas brânquias de *L. russellii* recolhidas no local 1 (A), local 2 (B) e local 3 (C) (H&E, X400).
h, hiperplasia; c, congestão; es, separação epitelial; s, encurtamento; lf, fusão lamelar; e, edema

- Fígado

As secções de fígado de *P. hasta* e *L. russellii* recolhidas nos locais estudados são mostradas nas fotomicrografias 3 e 4, respetivamente.

No caso de *P. hasta*, as amostras colhidas no local de referência apresentavam uma estrutura normal com hepatócitos compactamente dispostos e os sinusóides estavam espalhados aleatoriamente por todos os hepatócitos. Também se observou um caso moderado de degeneração vacuolar e peliose (cavidade cheia de sangue sem revestimento de células endoteliais), mas sem qualquer efeito claro na arquitetura normal de todo o tecido (Fotomicrografia 3A). As amostras do local 2 apresentavam células pancreáticas degeneradas, degeneração vacuolar grave e cariomegalia dos hepatócitos (núcleos escuros e condensados) (Fotomicrografia 3B). Entretanto, as amostras do local 3 mostraram um caso mais proeminente de degradação celular representado por degeneração vacuolar grave, células pancreáticas degeneradas, desorientação dos tecidos em torno das células pancreáticas e cariomegalia dos hepatócitos, bem como peliose e infiltração de células sanguíneas (Fotomicrografia 3C).

No caso da *L. russellii*, as amostras do local de referência mostraram um caso moderado de degeneração vacuolar, cariomegalia dos hepatócitos e desorientação dos tecidos em torno das células pancreáticas (fotomicrografia 4A), enquanto as amostras do local 2 mostraram um grau mais elevado de degradação dos tecidos, incluindo degeneração vacuolar grave, desorientação dos tecidos em torno das células pancreáticas, cariomegalia, hepatócitos degenerados e infiltração de células sanguíneas (fotomicrografia 4B). As amostras do local 3 revelaram uma degradação grave dos tecidos, representada por áreas mais amplas de degenerescência vacuolar, desorientação dos tecidos em torno das células pancreáticas, cariomegalia, hepatócitos degenerados e infiltração de células sanguíneas associadas a células pancreáticas degeneradas e peliose (fotomicrografia 4C).

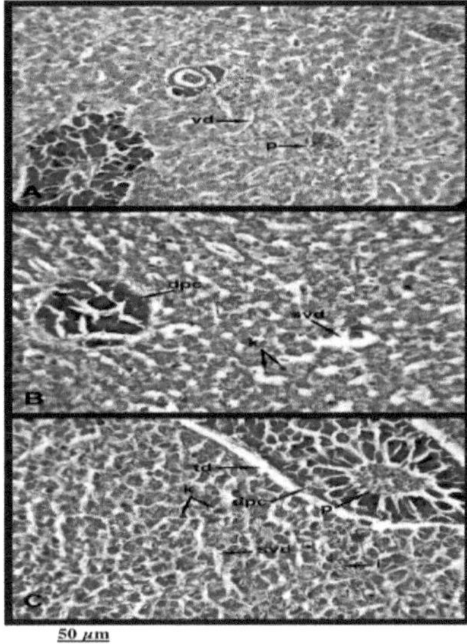

Fotomicrografia (3): Secções histológicas no fígado de *P. hasta* colhidas no local 1 (A), local 2 (B) e local 3 (C) (H&E, X400). **vd**, degeneração vacuolar; **p**, peliose (cavidade cheia de sangue sem revestimento de células endoteliais); **dpc,** células pancreáticas degeneradas; **svd**, degeneração vacuolar grave; **k**, cariomegalia (núcleos escuros e condensados); **td,** desorientação dos tecidos; **i**, infiltração de células sanguíneas.

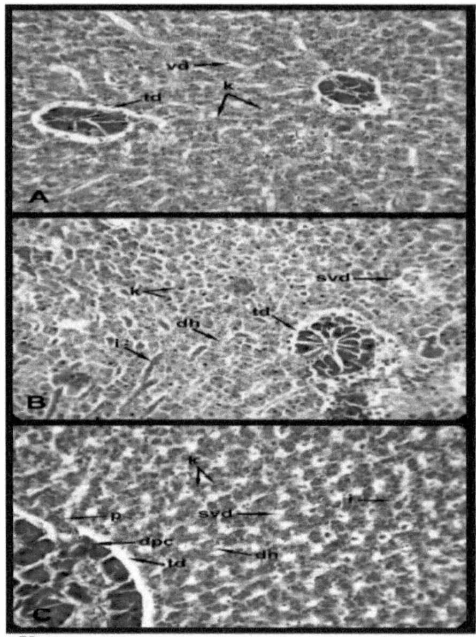

Fotomicrografia (4): Secções histológicas no fígado de *L. russellii* colhidas no local 1 (A), local 2 (B) e local 3 (C) (H&E, X400).
vd, degenerescência vacuolar; **k**, cariomegalia (núcleos escuros e condensados); **td**, desorientação tecidular; **svd**, degenerescência vacuolar grave; **i**, infiltração de células sanguíneas; **dh**, hepatócitos degenerados; **p**, peliose (cavidade cheia de sangue sem revestimento de células endoteliais); **dpc**, células pancreáticas degeneradas.

- Rim

As secções de rim de *P. hasta* e *L. russellii* recolhidas nos locais estudados são mostradas nas fotomicrografias 5 e 6, respetivamente.

No caso de *P. hasta*, as amostras do local de referência mostraram um caso moderado de degeneração vacuolar e separação tubular, bem como degeneração de alguns túbulos renais. As mesmas secções de tecido apresentavam agregações normais de células produtoras de melanina e tecido hematopoiético (fotomicrografia 5A). Foi detectado um grau mais elevado de danos nos tecidos nas amostras do local 2, com degeneração vacuolar grave, separação tubular, túbulos renais degradados e necrose tubular. Foram também detectados sinais de degeneração do tecido hematopoiético e infiltração de células sanguíneas (fotomicrografia 5B). As amostras do local 3 mostraram evidências claras de degradação dos tecidos, representadas por áreas mais amplas de degenerescência vacuolar, separação tubular, túbulos renais degradados e necrose tubular, acompanhadas de degenerescência do tecido hematopoiético, infiltração de células sanguíneas, degenerescência por edema turvo nas células tubulares renais e oclusão do lúmen tubular na maioria dos túbulos renais (Fotomicrografia 5C).

No caso da *L. russellii*, as amostras do local de referência revelaram um caso moderado de degeneração vacuolar, separação tubular e degeneração de alguns túbulos renais, embora apresentassem agregações normais de células produtoras de melanina e tecido hematopoiético (Fotomicrografia 6A). As amostras dos locais 2 e 3 mostraram alterações histopatológicas claras, indicando necrose tubular aguda com áreas amplas de degenerescência vacuolar, separação tubular, degenerescência da maioria dos túbulos renais, necrose tubular, degenerescência do tecido hematopoiético e infiltração de células sanguíneas (Fotomicrografias 6B e 6C). Só foram detectados sinais de degenerescência de tumefação turva nas células tubulares renais e de oclusão do lúmen tubular nas amostras do local 3, o que indica um maior grau de necrose tubular.

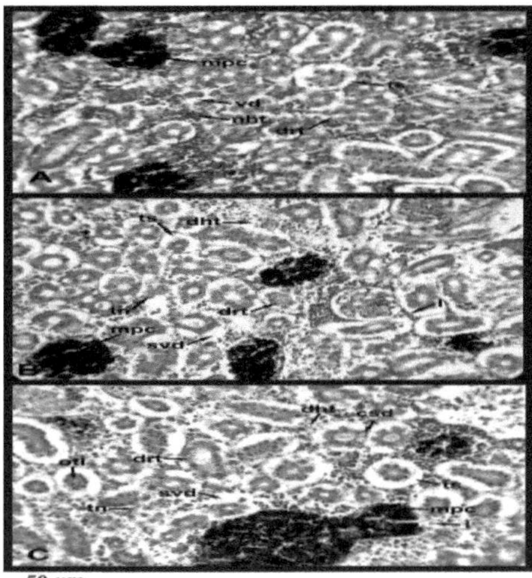

Fotomicrografia (5): Secções histológicas do rim de *P. hasta* colhido no local 1 (A), local 2 (B) e local 3 (C) (H&E, X400).

mpc, células produtoras de melanina; **ts,** separação tubular; **vd**, degenerescência vacuolar; **nht**, tecido hematopoiético normal; **drt**, degenerescência do túbulo renal; **dht**, degenerescência do tecido hematopoiético; **tn**, necrose tubular; **i**, infiltração de células sanguíneas; **svd**, degenerescência vacuolar grave; **csd**, degenerescência de tumefação turva; **otl**, oclusão do lúmen tubular.

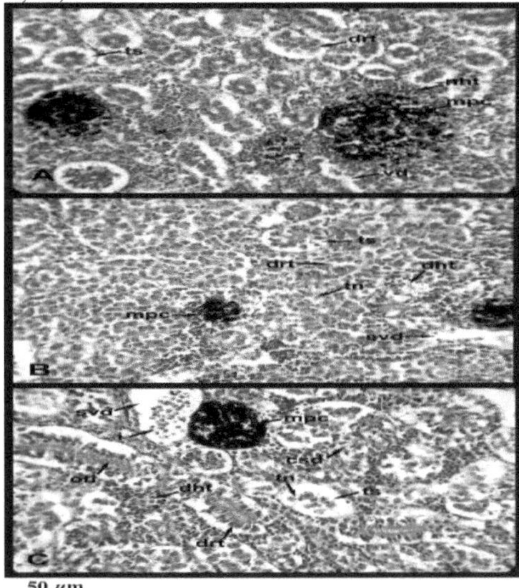

Fotomicrografia (6): Secções histológicas do rim de *L. russellii* colhidas no local 1 (A), local 2 (B) e local 3 (C) (H&E, X400).

drt, degenerescência do túbulo renal; **ts**, separação tubular; **nht**, tecido hematopoiético normal; **mpc**, células produtoras de melanina; **vd**, degenerescência vacuolar; **dht**, degenerescência do tecido hematopoiético; **tn**, necrose tubular; **svd**, degenerescência vacuolar grave; **i**, infiltração de células sanguíneas; **csd**, degenerescência de tumefação turva; **otl**, oclusão do lúmen tubular.

Capítulo 4

Hodeida é uma das principais cidades do Mar Vermelho. Desde as últimas décadas e até agora, esta cidade tem sofrido com o aumento da população, da urbanização e das actividades industriais. A poluição marinha do Mar Vermelho por metais pesados é atribuída a um certo número de actividades antropogénicas, especialmente a efluentes de esgotos e resíduos industriais (Heba e Al-Mudaffer, 2000).

O peixe é importante para uma dieta saudável, porque é pobre em gordura, rico em proteínas e rico em nutrientes essenciais, particularmente ácidos gordos ómega 3 (Castro-Gonzalez e Mendez-Armenta, 2008). No entanto, quando os tecidos do peixe acumulam metais em várias concentrações, e quando estas excedem os níveis de segurança, os metais tóxicos chegam ao corpo humano e causam várias doenças cancerígenas desconhecidas. Por esta razão, o consumo de peixe pode tornar-se uma via importante para a exposição a metais e consequente risco para a saúde humana (Ulozlu *et al.*, 2007).

O presente estudo de campo foi realizado em dois peixes ósseos marinhos comuns: *Pomadasys hasta* e *Lutjanus russellii*, que habitam três locais na costa do Mar Vermelho de Hodeida; dois locais poluídos em comparação com o local de referência.

Qualidade da água:

Os caracteres físicos e químicos da água são considerados princípios importantes na identificação da qualidade e do tipo de água para qualquer sistema aquático (Salman e Hussain, 2012). As propriedades físico-químicas da água foram utilizadas para avaliar as tendências e fontes de poluição (Hued e Bistoni, 2005). No que diz respeito aos critérios de qualidade da água, os dados actuais revelaram diferenças significativas entre os locais estudados. Foi observado que as alterações nas propriedades físico-químicas da água, tais como pH, temperatura, dureza e salinidade afectam a absorção de metais pesados por organismos aquáticos (Gupta *et al.*, 2009). Por conseguinte, a utilização de um conjunto de biomarcadores para a avaliação da qualidade ambiental tem sido recomendada por muitos investigadores (Sanchez *et al.*, 2007; Fernandes *et al.*, 2008b; Linde-Arias *et al.*, 2008).

A temperatura da água é considerada um dos factores mais importantes no ambiente aquático, uma vez que rege a maioria das actividades físico-químicas e biológicas (Jayakumar *et al.*, 2013). Os presentes resultados revelaram valores significativamente mais elevados da temperatura da água nos dois locais poluídos em comparação com os do local de referência. Estas temperaturas mais elevadas da água podem ser atribuídas ao aumento e à continuidade das descargas de esgotos e industriais nos dois locais poluídos. Esta constatação está de acordo com Heba *et al.* (2004), que observaram o mesmo comportamento da temperatura da água na costa de Hodeida, no Mar Vermelho, e atribuíram este facto ao elevado nível de poluentes despejados na água, o que levou ao aumento da temperatura da água. Além disso, Alkershi e Menon (2011) atribuíram a temperatura elevada da água na aldeia de Urj às águas residuais descarregadas no mar pela central eléctrica a vapor de Ras Al-Katheeb, situada nas proximidades. As centrais eléctricas a vapor são geralmente instaladas muito perto de fontes naturais de água, como rios, lagos ou mar, onde a água pode ser facilmente fornecida e utilizada para arrefecer os condensadores, sendo depois a água quente libertada no mar. A eliminação de águas residuais quentes pode aumentar a temperatura da água e prejudicar a biota aquática local (Meij e Winkel, 2007).

A água quente contém menos oxigénio do que a água fria, o que reduz a concentração de oxigénio dissolvido (Kennedy *et al.*, 2002). Este facto pode agravar as condições de enriquecimento de nutrientes e de eutrofização das águas marinhas (Gupta *et al.*, 2009). A temperatura também afecta a taxa de fotossíntese das plantas, a taxa metabólica dos peixes e dos organismos aquáticos, as taxas de desenvolvimento, o momento e o sucesso da reprodução, a mobilidade, os padrões de migração e a sensibilidade dos organismos a toxinas, parasitas e doenças (USEPA, 2003). Além disso, a temperatura elevada da água poluída afecta a toxicidade dos metais, uma vez que a maioria dos organismos aquáticos são poiquilotérmicos (Ruas *et al.*, 2008). Estudos anteriores mostraram que, com o aumento da temperatura da água, os tóxicos na água tornam-se mais letais para os peixes em concentrações mais baixas (Alberto *et al.*, 2005; Elahee e Bhagwant, 2007). De acordo com Kock *et al.* (1996), os níveis de Cd e Pb no fígado e nos rins *de Salvelinus alpinus* revelaram taxas de absorção mais elevadas de ambos os metais quando a temperatura da água era elevada, atribuindo este facto ao aumento da taxa metabólica. Do mesmo modo, Jezierska e Witeska (2006) referiram que o aumento da acumulação de metais pelos peixes a temperaturas mais elevadas resulta provavelmente do aumento da taxa metabólica corporal, incluindo uma maior taxa de absorção e ligação de metais. Além disso, Pereira *et al.* (2010) atribuíram os elevados teores de Cu e Ni no fígado e nos rins de peixes selvagens, *Liza aurata*, à temperatura ambiente elevada. De facto, as taxas de absorção e acumulação de metais na maioria dos organismos aquáticos aumentam com o aumento da temperatura (Sokolova e Lannig, 2008).

O valor do pH é considerado um fator importante no sistema químico e biológico do ambiente aquático (Osman *et al.*, 2010b). Nos resultados actuais, os valores elevados de pH e alcalinidade detectados na água dos locais poluídos podem resultar do efeito combinado dos efluentes de esgotos, dos fertilizantes recebidos e de alguns efluentes industriais. Heba *et al.* (2004) relataram as mesmas observações relativamente aos valores de pH ao longo da costa do Mar Vermelho do Iémen. Estamos de acordo com os trabalhos anteriores de Phiri *et al.* (2005) e Hamed *et al.* (2013), que referiram que o elevado valor de pH do sistema aquático se deve provavelmente ao efeito da eliminação industrial direta. Além disso, Ahmad *et al.* (2006) afirmaram que uma alcalinidade elevada da água pode ser considerada como uma indicação de condições de poluição moderada a forte. O presente resultado também coincide com o de Elewa (1993), que atribuiu a elevação do valor da alcalinidade ao aumento da taxa de decomposição da matéria orgânica e/ou ao reforço dos processos anaeróbios que aumentam o dióxido de carbono na coluna de água.

O valor do pH na água afecta a absorção de metais pelos peixes que vivem no local contaminado (Al-Weher, 2008). Geralmente, o ião hidrogénio, representado pelo pH, desempenha um papel importante na taxa de libertação de metais na água (Ahmad *et al.*, 2006). Se a água for ácida com um pH baixo, os metais são libertados muito mais rapidamente do que quando a água é mais alcalina e o pH é comparativamente elevado (Ruas *et al.*, 2008). Os valores baixos de pH provocam um aumento da solubilidade dos metais e uma diminuição da sua retenção (Pyle *et al.*, 2005). O papel do H^+ ilustra particularmente o efeito do pH na especiação de vários metais vestigiais. O próprio H^+ pode atuar como um metal de fronteira ou de classe A, consoante se considere a reatividade química ou biológica (Nieboer e Richardson, 1980). Como tal, o H^+ pode competir com os metais vestigiais tanto por ligandos como por sítios nos órgãos do próprio organismo aquático (Campbell e Stokes, 1985). Além disso, o H^+ pode afetar a integridade das membranas biológicas e, por conseguinte, atuar diretamente ou em conjunto com os metais vestigiais para influenciar o equilíbrio iónico (Wright, 1995). Takasusuki *et al.* (2004), bem como Carvalho e Fernandes (2006), indicaram que a concentração de metais pesados era consideravelmente mais elevada em peixes provenientes de águas com pH baixo, em comparação com os provenientes de águas com pH elevado. Além disso, Pyle *et al.* (2005) revelaram que uma diminuição do pH da água leva à existência de mais metais na forma iónica livre biodisponível, bem como a um aumento da fração dissolvida e, presumivelmente, a um aumento da reatividade (toxicidade) e da mobilidade desses metais vestigiais. Em suma, pode concluir-se que a água com pH baixo afecta a bioacumulação de metais pelos peixes de forma indireta, alterando a solubilidade dos compostos metálicos, ou direta, devido a danos nos epitélios que se tornam mais permeáveis aos metais.

Geralmente, a salinidade está correlacionada positivamente com os sólidos totais dissolvidos (TDS) e a condutividade eléctrica (Baysoy *et al.*, 2012). Os sólidos totais dissolvidos representam a soma dos sais inorgânicos dissolvidos e da matéria orgânica dissolvida na água sob a forma molecular, ionizada ou coloidal. A condutividade eléctrica da água, a capacidade de a água passar uma corrente eléctrica, aumenta em função do TDS (Gorrie, 2007). No presente estudo, a salinidade, a condutividade eléctrica e o TDS nas amostras de água recolhidas nos dois locais poluídos foram significativamente mais elevados do que os do local de referência. Este facto pode ser atribuído à baixa quantidade de precipitação e à elevada taxa de evaporação. Este facto está de acordo com um estudo anterior de Heba *et al.* (2004) que atribuiu as mesmas observações a descargas de esgotos e agrícolas, à temperatura elevada da água e ao aumento da taxa de evaporação.

De facto, a salinidade reduz a absorção e a acumulação de metais e outros poluentes pelos peixes e apresenta uma relação inversa com o nível de poluentes na água (Kim *et al.*, 2010). Vicente-Martorell *et al.* (2009) mostraram que existia uma relação negativa entre a absorção de metais pelos peixes e a salinidade. Além disso, a taxa de acumulação de metais pelos peixes que vivem em águas poluídas foi inversamente proporcional à salinidade do meio (Jezierska e Witeska, 2006). De acordo com Stagg e Shuttleworth (1982), o peixe *Platichthys flessus*, adaptado à água do mar, apresentou uma menor acumulação de cobre do que os peixes adaptados à água doce.

No presente estudo, a dureza total da água do mar nos locais poluídos foi significativamente superior à do local de referência. Os valores elevados de dureza total são considerados como uma consequência direta de concentrações elevadas de sais de cálcio, magnésio e bicarbonato (Moyo, 2013). Além disso, os factores ambientais como a temperatura e a taxa de evaporação teriam desempenhado um papel no aumento dos valores de dureza, uma vez que aumentam as concentrações de cálcio, magnésio e outros sais (Kannan e Krishnamoorthy, 2006; Akbal *et al.*, 2011).

Os catiões de dureza, como o Ca^{2+} e o Mg^{2+}, são bem conhecidos por diminuírem a absorção de metais aquosos ao competirem com os catiões metálicos nos locais de absorção (Pyle *et al.*, 2002). O cálcio altera a absorção de metais pelos organismos aquáticos através de vários mecanismos: 1) alterações dependentes do cálcio na permeabilidade das estruturas epiteliais, causando uma diminuição da absorção de metais à medida que a concentração de cálcio aumenta, 2) competição pelos locais de ligação nas superfícies apicais da membrana entre o cálcio e os iões metálicos divalentes, 3) diminuição da transferência de metais do epitélio para o sangue com o aumento dos níveis intracelulares de cálcio (Blust *et al.*, 1992). Vários estudos indicaram que tanto a absorção como a toxicidade do cádmio aumentavam em águas macias, pobres em cálcio, em comparação com águas mais duras, e que o cálcio pode melhorar estes efeitos (Pratap *et al.*, 1989; Bentley, 1991; Wright, 1995). Essencialmente, o aumento da concentração de catiões concorrentes, como o Ca^{2+} e o H^+, acabará por impedir que um metal se ligue às brânquias, titulando os locais de ligação do metal nas brânquias (Paquin *et al.*, 2002).

Aparentemente, estes mecanismos de absorção funcionam até um limite de concentração de metal, após o qual o aumento da concentração de metal pode ultrapassar todos os mecanismos e a acumulação de metal ocorrerá mais claramente, tal como os resultados do presente estudo indicaram relativamente aos dois locais poluídos em comparação com o local de referência.

Os sais de nitrato são considerados a principal fonte de azoto fixo em ambientes marinhos (Abdel-Moati *et al.*, 1992). O elevado teor de nitratos na água dos locais poluídos é atribuído ao facto de a água desses locais receber grandes quantidades de efluentes domésticos, agrícolas e industriais sem tratamento suficiente. A meteorização das rochas, os fertilizantes, os efluentes de esgotos e os lixiviados de sistemas sépticos e de estrume são considerados as principais fontes de nitratos nas águas naturais (Jia-Zhong *et al.*, 1997). Além disso, Ruas *et al.* (2008) atribuíram o elevado nível de nitratos na água à presença de grandes quantidades de poluentes orgânicos e inorgânicos e à eliminação de efluentes domésticos e industriais na água. Do mesmo modo, Lim *et al.* (2012) revelaram que o aumento do nível de nitratos na água é um indicador da presença de poluentes provenientes de descargas de esgotos, efluentes industriais e/ou escoamento agrícola.

A presença de grandes concentrações de nitrato e nitrito na água pode criar uma grande necessidade de oxigénio (Osman *et al.*, 2010b). As concentrações elevadas de iões de nitrato na água podem provocar o crescimento de um grande número de plantas aquáticas e algas na água. Este fenómeno é designado por eutrofização e pode levar à proliferação de algas, bem como à anoxia da água e a zonas mortas. Para além disso, estas florescências podem alterar as funções do ecossistema, aumentar a turvação, reduzir a qualidade do habitat dos peixes e favorecer alguns grupos de organismos em detrimento de outros (Romano e Zeng, 2007).

O cloreto é um dos principais aniões presentes na água e está geralmente combinado com cálcio, magnésio ou sódio (Kumar *et al.*, 2010b). O teor de cloreto registado nos locais poluídos foi significativamente mais elevado do que no local de referência. Este facto é principalmente atribuído à contaminação por esgotos e efluentes domésticos. Ravindra *et al.* (2003) indicaram que uma concentração elevada de cloreto é geralmente considerada como um índice de poluição e que o teor de cloreto aumenta em resultado da poluição por actividades antropogénicas.

De um modo geral, os valores elevados das propriedades físico-químicas da água registados nos dois locais poluídos provam a presença de grandes quantidades de poluentes orgânicos e inorgânicos devido à elevada carga de efluentes domésticos, agrícolas e industriais descarregados nesses locais.

Metais pesados em amostras de água e sedimentos

A contaminação dos sistemas aquáticos com uma vasta gama de poluentes tornou-se uma questão preocupante nas últimas décadas (Yap *et al.*, 2011; Idriss e Ahmad, 2012; Wang *et al.*, 2012). Os sistemas aquáticos naturais estão extensivamente contaminados com metais pesados libertados por actividades domésticas, industriais e outras actividades antropogénicas (Tetsuro *et al.*, 2005; Looi *et al.*, 2013). As actividades humanas têm perturbado continuamente o ambiente natural, em particular os ecossistemas aquáticos (Kamaruzzaman *et al.*, 2011). A utilização de metais pesados nas indústrias levou a uma contaminação ambiental generalizada. Consequentemente, as águas residuais das indústrias e as águas residuais de fontes domésticas que contêm metais pesados encontram o seu caminho para as massas de água próximas (Surendra e Tiwari, 2012). A poluição aquática devida aos metais pesados é motivo de grande preocupação, devido à sua persistência e natureza acumulativa (Javed e Usmani, 2012). Os contaminantes representam uma séria ameaça para os ecossistemas costeiros e marinhos, bem como para os habitantes, resultando em mudanças nas estruturas e funções dos ecossistemas, eutrofização, ocorrência de maré vermelha, aumento da mortalidade de peixes e bentos, diminuição dos rendimentos da pesca e grande perda económica (Gao *et al.*, 2014).

Além disso, os elementos vestigiais na água podem sofrer alterações rápidas que afectam a taxa de absorção ou libertação pelos sedimentos, influenciando assim os organismos vivos ao longo da cadeia de interação água-sedimento (Lushchak, 2011). Embora alguns destes metais sejam classificados bioquimicamente como elementos essenciais nos corpos dos organismos vivos e plantas aquáticas quando presentes em quantidades vestigiais, por exemplo, Zn, Cd, Cu e Fe, quando presentes em concentrações elevadas tornam-se tóxicos (Wood, 2012).

No presente estudo, as amostras de água do mar recolhidas em todos os locais estudados apresentavam concentrações detectáveis de Fe, Cu, Zn, Pb e Cd. Os níveis elevados dos metais pesados estudados na água do mar nos locais poluídos podem ser atribuídos à descarga de águas residuais não tratadas, de efluentes agrícolas e industriais nestes dois locais, bem como de produtos residuais da central eléctrica a vapor e das fábricas de manutenção de barcos que descarregam diretamente na água do mar na aldeia de Urj (local 3). Em conformidade com os presentes resultados, Heba *et al.* (2004) atribuíram as concentrações relativamente elevadas de metais pesados detectadas ao longo da costa de Hodeida, no Mar Vermelho, aos efluentes residuais descarregados de actividades antropogénicas. Além disso, Mendil *et al.* (2010) e Varol (2011) atribuíram a contaminação das zonas costeiras com metais pesados às densidades populacionais mais elevadas, à urbanização e à industrialização. Sadauskas-Henrique *et al.* (2011) indicaram que todos os emissários de esgotos contêm níveis elevados de ferro, cobre, zinco, níquel, cádmio, manganês, chumbo e cobalto.

Os metais pesados libertados para os ambientes marinhos ligam-se rapidamente às partículas e afundam-se no fundo do mar (Hedge *et al.*, 2009). Consequentemente, os sedimentos marinhos actuam como um sumidouro final para a entrada de metais pesados nos ambientes aquáticos (Yu *et al.*, 2008). Assim, nos ecossistemas aquáticos, os metais pesados acumulados nos sedimentos podem atingir concentrações várias ordens de grandeza superiores às da água sobrejacente (Fernandes *et al.*, 2008a). Além disso, os metais acumulados nos sedimentos podem ser subsequentemente libertados para a coluna de água sobrejacente em resultado de certas perturbações e, consequentemente, os sedimentos podem persistir como fonte de poluentes muito tempo após a cessação das descargas diretas (Ali e Abdel-Satar, 2005). Além disso, os sedimentos de fundo fornecem habitats e fontes de alimentação para a fauna bentónica. Assim, os poluentes podem ser direta ou indiretamente tóxicos para a flora e a fauna aquáticas (Wu *et al.*, 2005). Os efeitos dos poluentes também podem ser detectados em terra devido à sua bioacumulação e bioconcentração na rede alimentar (Zhang e Ke, 2004). Consequentemente, a distribuição de metais pesados nos sedimentos adjacentes a zonas povoadas poderia ser utilizada para investigar os impactos antropogénicos nos ecossistemas e ajudaria na avaliação dos riscos colocados pelas descargas de resíduos humanos (de Mora *et al.*, 2004; Yi *et al.*, 2011).

Os teores de metais pesados nos sedimentos dos locais poluídos, no presente estudo, foram mais elevados do que os do local de referência. Este facto pode dever-se a várias razões, incluindo a descarga de águas residuais da cidade de Hodeida, a poluição industrial, os naufrágios e o enriquecimento de petróleo nas zonas vizinhas. Além disso, Heba e Al-Mudaffer (2000) estudaram as concentrações de metais pesados em peixes, mexilhões, camarões e sedimentos da costa do Mar Vermelho do Iémen. Os seus resultados mostraram uma poluição moderada de metais pesados por Cd, Cu, Fe, Mn, Zn e Pb nos sedimentos da costa norte da cidade de Hodeida. Além disso, Vicente-Martorell *et al.* (2009) e Uluturhan *et al.* (2011) atribuíram o nível anormalmente elevado de metais pesados nos sedimentos às descargas industriais e urbanas. Estudos recentes mostraram que os sedimentos do meio costeiro perto de zonas industriais e urbanas foram contaminados, em certa medida, por metais pesados (Jayaprakash *et al.*, 2008; Jayaraju *et al.*, 2009; Satpathy *et al.*, 2012).

A concentração de metais pesados nas amostras de água e sedimentos nos locais estudados seguiu a ordem de arranjo de: Fe > Cu > Zn > Pb > Cd. O ferro é o metal mais abundante em todos os locais estudados porque é o elemento mais comum na crosta terrestre (Atalar *et al.*, 2013). Além disso, Khalil e Hussein (1996) relataram que o enriquecimento de Fe pode estar relacionado com esgoto bruto. O cobre e o zinco são elementos naturalmente abundantes presentes como contaminantes comuns na agricultura, nos resíduos alimentares, nos pesticidas e nos efluentes industriais (Nasr *et al.*, 2006). As entradas antropogénicas importantes de Cu e Zn nas águas costeiras incluem lixeiras de lamas de depuração, descargas de resíduos municipais e tintas anti-incrustantes (Looi *et al.*, 2013). Para além dos esgotos e dos efluentes industriais, o elevado teor de Pb detectado pode estar associado aos gases de escape de barcos e veículos que utilizam combustíveis com chumbo e que chegam à água do mar através da chuva e das poeiras sopradas pelo vento (Heba *et al.*, 2004). Nadia *et al.* (2009) atribuíram concentrações elevadas de Pb a várias fontes, tais como sistemas de exaustão de barcos, derrame de óleo e outro petróleo de barcos mecanizados utilizados para a pesca e a descarga de efluentes de esgotos na água, todas estas fontes existem nos dois locais poluídos do presente trabalho. Observou-se que os factores de contaminação de Zn e Pb nos sedimentos de todos os locais estudados eram muito mais elevados do que os dos outros metais. Este facto pode estar relacionado com as elevadas concentrações de ambos os elementos e as grandes variações nas concentrações de outros metais. As principais fontes de Cd no sistema aquático são os recursos industriais, como a metalização, as operações de revestimento, o equipamento de transporte, a maquinaria e os esmaltes de cozedura (Suthar *et al.*, 2009). No entanto, os valores obtidos dos factores de contaminação revelaram que os sedimentos costeiros de todos os locais estudados ainda se encontram dentro dos limites de segurança, apresentando o Cd o valor mais elevado no local 3 (0,9), seguido do local 2 (0,7). Além disso, os valores dos factores de contaminação mostraram que o local 3 estava moderadamente poluído com Fe e Cu e altamente poluído com Zn e Pb. Este aumento de poluentes no local 3 pode ser atribuído aos efeitos combinados das descargas agrícolas e de águas residuais, bem como à eliminação de resíduos das fábricas de manutenção de barcos e da central eléctrica vizinhas.

Os resultados obtidos revelaram igualmente que as concentrações mais elevadas de metais foram registadas nas amostras de água e de sedimentos recolhidas no local 3, seguidas das recolhidas no local 2, exceto no que se refere ao cobre. Os valores registados do índice de carga poluente (PLI) corroboram estas conclusões, uma vez que indicam que o local 3 está poluído (2,4) e acumulou a maior quantidade de metais pesados em comparação com os acumulados nos outros locais estudados. Por conseguinte, o padrão global de acumulação dos metais pesados combinados nos sedimentos foi da seguinte ordem: sítio 3 > sítio 2 > sítio 1.

Em termos gerais, o presente estudo indicou claramente que as concentrações de metais pesados na água eram inferiores às suas concentrações nos sedimentos, o que significa que houve uma precipitação de metais pesados da água para os sedimentos.

Tendo em conta que o Mar Vermelho é um mar fechado e tem uma taxa de renovação lenta de seis anos para a camada de água superficial e de 200 anos para toda a massa de água, bem como que é a massa de água mais salina dos mares do mundo (Morcos e Varely, 1990), prevê-se que a acumulação de poluentes químicos aumente anualmente em todos os seus componentes, alterando a sua qualidade e afectando a sua vida aquática.

É evidente que os níveis mais baixos de todos os metais pesados estudados foram detectados em amostras de água e sedimentos recolhidas no local 1, utilizado neste estudo como local de referência, situado a sul da cidade de Hodeida e longe de actividades antropogénicas extensas. Esta observação foi confirmada pelo baixo valor de PLI dos metais pesados estudados e pelo fator de contaminação por metais registado neste local.

Bioacumulação de metais pesados em tecidos de peixes

Entre a miríade de poluentes orgânicos e inorgânicos libertados nos ecossistemas aquáticos, os metais pesados têm recebido uma atenção considerável devido à sua toxicidade e potencial bioacumulação em vários níveis tróficos (Szefer et al., 1990; Ololade et al., 2008; Mansouri e Baramaki, 2011). Afectam não só a qualidade das massas de água, mas também os habitantes aquáticos, causando várias alterações biológicas e induzindo reacções mutagénicas e carcinogénicas nos organismos vivos.

Os peixes encontram-se em níveis mais elevados de muitas cadeias alimentares e, por conseguinte, podem biomagnificar os tóxicos provenientes dos alimentos, para além da bioacumulação de tóxicos provenientes dos meios circundantes (Zhou et al., 2008). Foram efectuados poucos estudos sobre a absorção de metais em peixes marinhos, em comparação com o extenso trabalho realizado em peixes de água doce (Wang e Rainbow, 2008). Os peixes marinhos têm mecanismos de regulação osmótica diferentes dos dos peixes de água doce (Perry e McDonald, 1993). Por exemplo, os peixes marinhos precisam de beber água do mar para manter a homeostase osmótica, pelo que existem duas vias possíveis para a acumulação de metais dissolvidos pelos peixes: a absorção pelas guelras (branquial) e a absorção intestinal (Wang e Rainbow, 2008). A absorção de metais pelos organismos aquáticos é um processo em duas fases, envolvendo primeiro uma rápida adsorção ou ligação à superfície, seguida de um transporte mais lento para o interior da célula. O transporte de metais para a secção intracelular pode ser auxiliado pela difusão do ião metálico através da membrana celular ou pelo transporte ativo por uma proteína transportadora (Wepener et al., 2001). Depois de entrarem no corpo do animal, os metais não se distribuem uniformemente, mas acumulam-se em determinados órgãos (Liang et al., 1999). De acordo com Heath (1991), os peixes podem regular a concentração de metais até um determinado limite após a bioacumulação. Normalmente, as concentrações de metais podem diferir muito entre um organismo e outro e entre diferentes órgãos do mesmo organismo (Watanabe et al., 2003; Masoud et al., 2007).

Os elementos tóxicos que se acumulam em vários tecidos do peixe podem ser transportados para o ser humano aquando do consumo de tecidos comestíveis, o que pode provocar muitos efeitos adversos para a saúde humana. Por exemplo, o chumbo, que substitui o cálcio nos ossos, pode contribuir para o enfraquecimento dos ossos e para a osteoporose. O ferro, que substitui o zinco e outros minerais no pâncreas, nas glândulas supra-renais e noutros locais, pode contribuir para uma tolerância reduzida ao açúcar no sangue e para a diabetes. O cobre que substitui o zinco no cérebro está associado a enxaquecas, síndroma pré-menstrual, depressão, ansiedade, ataques de pânico e muito mais (Afridi et al., 2006).

Sabe-se que vários iões metálicos, como Mn, Fe, Co, Cu e Zn, são essenciais para os organismos vivos, enquanto outros são não essenciais, como Hg, Pb e Cd, com funções biológicas desconhecidas (Maceda-Veiga et al., 2012). Os metais essenciais são absolutamente necessários a um organismo para o seu crescimento e reprodução e tanto o excesso como a escassez das suas concentrações podem ser prejudiciais para os organismos (Suarez-Serrano et al., 2010).

Os peixes bioacumulam metais principalmente no fígado, nos rins e nas brânquias, enquanto a bioacumulação noutros órgãos é em quantidades muito menores (Protasowicki, 1987). As diferenças nas concentrações de metais nos vários tecidos podem resultar da sua diferente capacidade de induzir proteínas de ligação a metais, como as metalotioneínas (MTs) (Tuzen e Soylak, 2007).

A base da toxicidade dos metais é a inibição dos sistemas enzimáticos das células, resultante da substituição de outros iões metálicos, principalmente Cu^{2+}, Zn^{2+} e Ca^{2+} (Jackson, 1998). Uma das estratégias de desintoxicação mais comuns observadas nos vertebrados marinhos é a ligação dos metais às metalotioneínas (Mason e Jenkins, 1995). As metalotioneínas (MTs) protegem contra os efeitos tóxicos de certos metais, como o Cd, sequestrando e reduzindo a quantidade de iões metálicos livres e actuando como uma função de recuperação de estruturas afectadas por uma ligação inadequada a metais (Hamilton e Mehrle, 1986; Vallee, 1995; Roesijadi, 1996). A existência de MTs foi firmemente estabelecida num grande número de animais, incluindo peixes, nos quais ocorrem no fígado, nos rins, nas brânquias e nos músculos (Olsson *et al.*, 1996; De Boeck *et al.*, 2003; Scudiero *et al.*, 2005).

No presente estudo, a principal razão para a concentração elevada dos metais estudados nos órgãos vitais selecionados de *P. hasta* e *L. russellii* recolhidos em locais poluídos (2 e 3) pode ser a elevada descarga destes metais na água desses locais, que aumenta a sua absorção pelos peixes e a sua bioacumulação nos tecidos dos peixes.

Os peixes têm a capacidade de concentrar metais do meio circundante e de acumular poluentes preferencialmente nos seus tecidos gordos, como o fígado, e os efeitos tornam-se aparentes quando as concentrações nesses tecidos atingem um nível limiar (Eriksson, 2000). De acordo com este facto, no presente trabalho, o Fe e o Cu apresentaram os teores mais elevados nos tecidos hepáticos, enquanto os mais baixos se encontravam nos tecidos musculares de ambas as espécies de peixes. Além disso, os factores de bioacumulação calculados (BAF) corroboram estas conclusões, uma vez que os tecidos hepáticos apresentam a maior afinidade para a bioacumulação de Fe e Cu do que os outros órgãos. Observou-se uma tendência semelhante nas conclusões de Kojadinovic *et al.* (2007), que mostraram que o tecido muscular acumulava a menor quantidade de Fe e Cu, enquanto os valores mais elevados se encontravam nos tecidos hepáticos de peixes pelágicos recolhidos no Oceano Índico.

Dado que o fígado é o principal órgão metabólico, a quantidade de poluentes no fígado dos peixes é diretamente proporcional ao grau de poluição no ambiente aquático (Yilmaz, 2009; Tapia *et al.*, 2012). Muitos estudos experimentais e de campo mostraram que o fígado era o órgão-alvo para a bioacumulação de muitos metais e era altamente ativo na absorção e armazenamento de metais devido ao seu papel no armazenamento, redistribuição, desintoxicação, transformação de contaminantes e à elevada taxa de indução de MTs no fígado (Dural *et al.*, 2007; Yilmaz *et al.*, 2010). Além disso, a acumulação de metais no fígado pode dever-se à grande tendência dos elementos para reagir com o carboxilato de oxigénio, o grupo amino, o azoto e/ou o enxofre do grupo mercapto nas proteínas metalotioneínas, cujas concentrações são mais elevadas no fígado (Al-Yousuf *et al.*, 2000). As funções hematopoiéticas do fígado e dos rins dos peixes, com um fornecimento abundante de sangue, explicam a sua maior acumulação de ferro (Mohamed, 2008). Além disso, Birungi *et al.* (2007) e Farombi *et al.* (2007) atribuíram o elevado nível de Fe e Cu no tecido hepático dos peixes à sua ligação às MTs, que funcionam como um mecanismo de desintoxicação. Outra interpretação foi sugerida por Rajeshkumar *et al.* (2013) que atribuíram o elevado nível de Fe no tecido hepático do peixe-leite, *Chanos chanos*, à hemoglobina encontrada nos tecidos hepáticos altamente vascularizados dos peixes. Outros trabalhadores também relataram a maior acumulação de Fe e Cu no fígado de várias espécies de peixes (Kalay *et al.*, 1999; Kojadinovic *et al.*, 2007; Türkmen *et al.*, 2009; Yilmaz *et al.*, 2010). Devido às razões acima referidas, o fígado tem sido recomendado por muitos autores como o melhor indicador ambiental tanto da poluição da água como da exposição crónica a metais pesados (Dural *et al.*, 2006; Agah *et al.*, 2009; Messaoudi *et al.*, 2009). Para além do fígado, o tecido renal, no presente estudo, apresentou um teor elevado de cobre. Isto parece resultar do facto de os rins dos peixes conterem uma proteína de ligação ao cobre rica em cistina, que se pensa ter uma função de desintoxicação ou de armazenamento, tal como referido por Luckey e Venugopal (1977). Muitos estudos anteriores registaram um elevado teor de cobre nos rins de diferentes espécies de peixes (Vigh *et al.*, 1996; Al-Yousuf e El-Shahawi, 1999; Farombi *et al.*, 2007). O ferro e o cobre têm maior tendência para se acumularem no fígado e nos rins dos peixes devido às funções semelhantes dos rins e do fígado, que são os órgãos envolvidos no processo de desintoxicação (Hasyimah *et al.*, 2011). Tal como referido por Javed e Usmani (2012), o fígado e o rim têm propriedades de bioacumulação de Fe e Cu, sendo a capacidade de acumulação muito maior no fígado do que no rim, o que é evidente no presente estudo.

Os dados actuais revelaram que as concentrações mais elevadas de Zn foram detectadas nos rins, seguidas do fígado, enquanto as mais baixas foram detectadas principalmente no tecido muscular de ambas as espécies de peixes. Esta conclusão foi verificada com base nos valores BAF obtidos, que mostraram que o rim tinha maior afinidade para a bioacumulação de Zn do que os outros tecidos. A elevada bioacumulação de Zn nos rins pode certamente basear-se em processos metabólicos específicos e em reacções catalisadas por coenzimas (Jaffar e Pervaiz, 1989). A presença de proteínas de ligação a metais (MTs) favoreceu a acumulação de metais pesados no rim (Murtala *et al.*, 2012). O zinco também actua como um catalisador em biomoléculas metálicas ligadas a cadeias laterais de aminoácidos contendo N, O e/ou legendas doadoras de enxofre (Kendrick *et al.*, 1992) para formar metaloproteínas tetraédricas de zinco e metaloenzimas nos tecidos renais (Al- Yousuf e El-Shahawi, 1999). Além disso, a concentração relativamente mais elevada de zinco no fígado pode dever-se ao papel do zinco como ativador de numerosas enzimas presentes no fígado dos peixes (Yacoub, 2007). De facto, a possibilidade de ser envenenado com Zn é rara porque os sais de elementos alcalino-terrosos reduzem a toxicidade do Zn. A temperatura elevada e a baixa concentração de oxigénio dissolvido conduzem a um aumento da toxicidade do Zn. A toxicidade do zinco para os peixes, de acordo com Alabaster e Lloyds (1982) e Everall *et al.* (1989), pode ser grandemente influenciada pela dureza da água e pelo pH. É um dos primeiros metais vestigiais conhecidos e um poluente ambiental comum, que está amplamente distribuído nos ambientes aquáticos (Lawson, 2011). Estas conclusões estão de acordo com os dados actuais relativos aos parâmetros da água medidos.

O tecido branquial pode ser importante como local de absorção direta de metais da água (Storelli *et al.*, 2006). Uma concentração elevada de metais nas brânquias pode indicar que a água é a principal fonte de contaminação (Bervoets e Blust, 2003). Os presentes resultados relativos à bioacumulação de metais e ao BAF calculado afirmaram que os tecidos branquiais bioacumulavam quantidades mais elevadas de Pb e Cd em comparação com outros tecidos estudados. Estes resultados podem ser atribuídos a MTs que capturam metais pesados (Balesaria e Hogstrand, 2006). Estas proteínas são produzidas em resultado da interação dos metais nos locais de absorção das brânquias e estão envolvidas no processo de biotransformação e nas vias de defesa, pensando-se que desempenham um papel importante na proteção dos tecidos contra os danos provocados por metais pesados tóxicos (Di Giulio e Hinton, 2008; Saeed e Shaker, 2008). Muitos autores mostraram uma elevada bioacumulação de Pb e Cd nas brânquias dos peixes, nomeadamente em três espécies de peixes recolhidas no Mar Mediterrâneo (Kalay *et al.*, 1999); onze espécies de peixes comuns recolhidas no Golfo de Aqaba, Mar Vermelho (Abu Hilal e Ismail, 2008); peixes de água doce, *Cyprinus carpio* (Vinodhini e Narayanan, 2008); peixe-leite, *Chanos chanos* (Rajeshkumar *et al.*, 2013). Além disso, as experiências laboratoriais indicaram que, nos peixes que absorvem metais pesados da água, as brânquias são caracterizadas por concentrações mais elevadas de metais do que no trato digestivo (Yousafzai *et al.*, 2010). As brânquias são os primeiros órgãos que entram em contacto com os poluentes ambientais (Farombi *et al.*, 2007). São altamente vulneráveis aos produtos químicos tóxicos porque: 1) a sua grande área de superfície facilita uma maior interação e absorção de tóxicos, 2) o seu sistema de desintoxicação não é tão robusto como o do fígado, e 3) têm o epitélio mais fino em relação a outros órgãos. Por conseguinte, os metais podem penetrar facilmente através das células epiteliais finas (Bebianno *et al.*, 2004; Pandey *et al.*, 2008). Os epitélios branquiais estão geralmente cobertos por uma camada de muco protetor, que é uma matriz polianiónica que funciona como um sistema de permuta iónica (Playle e Wood, 1990). Além disso, o muco protetor das brânquias pode atuar como um sistema de permuta iónica com diferentes afinidades para diferentes metais (Newman e Jagoe, 1994). O muco é continuamente lavado pela corrente de água e substituído por secreções das células mucosas. Assim, a especiação de metais no microambiente branquial dos peixes pode ser alterada em resultado das secreções do muco branquial (Tao *et al.*, 2001). Embora se parta geralmente do princípio de que, durante o processo de absorção nas brânquias, os metais são adsorvidos em locais das paredes e membranas celulares, os processos que efetivamente ocorrem são muito mais complicados (Randall *et al.*, 1991). Pelo menos a translocação de metais da água para a camada de muco das brânquias e, subsequentemente, para os locais de ligação nas paredes celulares ocorre com o muco das brânquias a servir de zona de armazenamento intermédia para a respectiva absorção de metais (Hudson, 1998). Parece provável que o muco possa competir com outros ligandos, formando complexos muco-metal no microambiente das brânquias dos peixes (Yousafzai *et al.*, 2010). Yilmaz (2009) atribuiu a elevada concentração de metais nas brânquias dos peixes ao facto de o muco ser um elemento complexo, impossível de remover completamente das lamelas antes da análise dos tecidos. De acordo com Reid e Mcdonald (1991), a superfície das brânquias é carregada negativamente e, por conseguinte, constitui um local potencial de interação brânquia-metal para metais carregados positivamente.

Foi sugerido que a concentração de metais nas brânquias e no intestino pode ser utilizada para estimar a exposição de metais dissolvidos e em partículas, respetivamente (Kalay *et al.*, 1999). Rogers e Wood (2004) e Pyle *et al.* (2005) mostraram que a absorção de Pb e Cd pelos peixes ocorre através das vias de absorção branquial Ca^{2+}. Masoud *et al.* (2007) verificaram que as brânquias apresentavam uma elevada acumulação de Pb e atribuíram este facto à semelhança do chumbo e do cálcio na sua deposição e mobilização a partir das brânquias. Além disso, referiram que os valores mais baixos de pH na superfície das brânquias devido à respiração de CO2 podem dissolver o Pb, transformando-o numa forma solúvel que pode facilmente difundir-se nos tecidos das brânquias.

O presente estudo também revelou que o tecido renal bioacumulou uma elevada concentração de Pb, tal como indicado por medições diretas e BAF. Foram apresentadas muitas explicações para esta tendência nos rins. As MTs são ubíquas e encontram-se em concentrações elevadas nos rins dos peixes (Amdur *et al.*, 1991). Entretanto, são capazes de formar quelatos estáveis com o Pb (Sharif *et al.*, 1993). Os teores mais elevados de Pb detectados nos tecidos branquiais e renais estão em conformidade com as conclusões de Urena *et al.* (2007) e Zaghloul *et al.* (2011).

O elevado teor de Cd nas brânquias pode ser explicado pela capacidade das brânquias de acumular cádmio através da indução das proteínas de ligação a metais MTs, que se acredita influenciarem a distribuição e a toxicidade do cádmio (Asagba *et al.*, 2008). A ligação não específica de iões Cd a glicoproteínas na superfície das brânquias pode ser outra razão para o elevado teor de Cd nas brânquias (Cirillo *et al.*, 2012). Os baixos níveis de Cd encontrados noutros tecidos em comparação com as brânquias confirmaram que as brânquias são a principal via de absorção de Cd da água. No meio aquoso em que o sal de cádmio foi dissolvido, o Cd pode ser absorvido pelos peixes através de duas vias principais. A principal via é a absorção oral com subsequente absorção intestinal, enquanto a outra é a via branquial. Foram propostas várias razões para justificar o facto de as brânquias serem o principal local de absorção de metais, tais como a sua proximidade dos tóxicos devido à sua posição externa e à sua natureza estrutural e vascular altamente ramificada, com o consequente aumento da área de superfície através da qual passam grandes volumes de água pela superfície das brânquias, entre outras (Jayakumar e Paul, 2006). Experimentalmente, Dang e Wang (2009) revelaram que as brânquias de um peixe marinho, *Terapon jarbua*, exposto a um elevado teor de Cd na dieta, apresentavam concentrações mais elevadas de Cd em comparação com outros tecidos e mostraram que o teor de Cd nas brânquias era provavelmente transferido da corrente sanguínea através das membranas celulares basolaterais e depois excretado através das brânquias. Além disso, as brânquias foram também importantes na absorção do Cd dissolvido através das membranas celulares apicais e resultaram na concentração mais elevada de Cd nas brânquias dos peixes expostos ao Cd através da água.

De acordo com Kaoud e El-Dahshan (2010), a elevada acumulação de Cd detectada no fígado de *P. hasta* e *L. russellii* pode dever-se à sua forte ligação aos resíduos de cistina da metalotioneína. Além disso, uma vez que estes tecidos são os principais órgãos das actividades metabólicas, incluindo a desintoxicação, o Cd pode também ser transportado para estes tecidos a partir de outros tecidos, como o músculo, para efeitos de eliminação subsequente (Asagba *et al.*, 2008). Isto está de acordo com os resultados de Dural *et al.* (2007) e Ploetz *et al.* (2007), que registaram níveis mais elevados de Cd nas brânquias e no fígado de diferentes espécies de peixes. Do mesmo modo, Yilmaz *et al.* (2007) referiram que as brânquias e os tecidos hepáticos dos peixes marinhos *Leuciscus cephalus* e *Lepornis gibbosus* acumulavam a quantidade mais elevada de Cd, enquanto o nível mais baixo foi registado no tecido muscular.

A baixa concentração de Cd detectada nos rins de ambas as espécies de peixes recolhidos nos locais contaminados é paralela a muitos estudos anteriores (Al-Yousuf e El-Shahawi, 1999; Olaifa *et al.*, 2004). Atribuíram o baixo teor de Cd no rim à baixa tendência do Cd para os locais activos disponíveis (átomos dadores de N e/ou O) no rim para formar espécies complexas de Cd (II) tetraédricas ou quadradas planas.

No que diz respeito à bioacumulação de metais e ao BAF registado, o músculo e, em menor grau, os tecidos da pele bioacumularam as concentrações mais baixas dos metais estudados em ambas as espécies de peixe. Embora a pele também seja considerada uma parte comestível do peixe, foram efectuadas poucas investigações sobre os resíduos de metais na pele dos peixes (Storelli *et al.*, 2006). A razão para as concentrações de metais na pele pode dever-se à complexação do metal com o muco, que é impossível de remover completamente do tecido da pele antes da análise (Yilmaz, 2003).

Os músculos são frequentemente examinados quanto ao teor de metais devido à sua utilização para consumo animal e humano (Alibabic *et al.*, 2007). As baixas concentrações de metais pesados no tecido muscular podem estar relacionadas com o aumento da deposição de metais nos órgãos metabolicamente activos, como o fígado, os rins e as brânquias, o que é consistente com outros estudos (Nwani *et al.*, 2010; Suarez-Serrano *et al.*, 2010; Maceda-Veiga *et al.*, 2012). A presença de uma camada mucosa que reveste a superfície da pele do peixe serve como uma barreira que protege a integridade da carne do peixe contra a invasão de metais do meio (Schlenk e Benson, 2001). A camada mucosa funciona como a primeira linha de defesa contra a entrada de metais pesados nos tecidos musculares dos peixes, formando complexos com os metais pesados (Altindag e Yigit, 2005). Yilmaz *et al.* (2007) e Rauf *et al.* (2009) mostraram que a baixa concentração de metais no músculo dos peixes pode refletir os baixos níveis de proteínas de ligação (MTs) no músculo. Por conseguinte, o músculo dos peixes tende a acumular metais menores em comparação com outros tecidos (Uysal *et al.*, 2009). Isto está de acordo com o estudo anterior de Ishaq *et al.* (2011), que demonstrou que o músculo não é um órgão ativo na acumulação de metais pesados.

No presente estudo, *P. hasta* bioacumulou concentrações mais elevadas de todos os metais pesados estudados do que *L. russellii* em todos os órgãos vitais estudados. Isto pode ser atribuído ao facto de a acumulação de metais em diferentes espécies de peixes se dever à função da respectiva permeabilidade das membranas, aos sistemas enzimáticos e às diferenças nas actividades metabólicas, que são específicas da espécie. Além disso, a variação dos níveis de metais pesados entre as diferentes espécies depende do hábito alimentar, da idade, do tamanho e do peso dos peixes e dos seus diferentes nichos, factores ecológicos e necessidades (Kalay *et al.*, 1999; Watanabe *et al.*, 2003). Além disso, as diferenças nas concentrações de metais nos tecidos das espécies de peixes podem dever-se às suas caraterísticas inerentes para induzir proteínas de ligação a metais, como as MT (Yilmaz, 2003; Damodhar e Reddy, 2012).

Tal como indicado pela USEPA (1980), as interações fisiológicas de vários metais pesados foram discutidas em várias revisões, embora o mecanismo exato não esteja bem definido. Um metal pode bloquear ou mesmo antagonizar a absorção do outro pelo epitélio branquial, limitando assim a distribuição do metal no sangue (Firat e Kargin, 2010). Por conseguinte, o presente estudo indicou claramente que o índice de poluição por metais (MPI) é um método mais fiável na determinação do teor de metais pesados numa mistura combinada, dando uma imagem clara da carga poluente dos poluentes, em vez de medir estes metais individualmente. Também indica a importância do MPI para determinar o comportamento real dos metais pesados após a sua interação em sistemas fisiológicos.

Os presentes resultados relativos à MPI revelaram que os tecidos metabolicamente activos, fígado, rim e brânquias, tinham a afinidade para acumular a quantidade mais elevada da combinação de todos os metais estudados, ao passo que o teor mais baixo da mistura combinada de todos os metais estudados foi detectado nos tecidos musculares e cutâneos de ambas as espécies de peixes, tal como discutido anteriormente. Além disso, a concentração da mistura combinada de metais mostrou a disposição do sítio 3 > sítio 2 > sítio 1.

Avaliação dos riscos para o ser humano

O consumo de alimentos é a via mais importante para a exposição humana a muitos contaminantes químicos (Brustad *et al.*, 2008), contribuindo com mais de 90% da exposição total ao longo da vida (Genuis, 2008). Nas zonas costeiras com actividades industriais, os poluentes químicos libertados e/ou eliminados nos sistemas hídricos tornam o peixe uma fonte de vários tóxicos ambientais para os seres humanos (Li *et al.*, 2010). Por conseguinte, a informação sobre o consumo de peixe é essencial para avaliar as implicações para a saúde humana associadas ao consumo de peixe quimicamente contaminado (CEPA, 2001). Muitos estudos anteriores foram efectuados em todo o mundo sobre diferentes espécies de peixes para determinar a sua contaminação por metais pesados e a avaliação dos riscos para o ser humano (Bhattacharyya *et al.*, 2010; Kumar *et al.*, 2010a; Malik *et al.*, 2010; Anim *et al.*, 2011; Laar *et al.*, 2011; Omar *et al.*, 2013).

No presente trabalho, foi realizada uma abordagem de avaliação dos riscos para a saúde, a fim de avaliar o atual estado de risco associado ao consumo de peixe proveniente dos locais estudados em duas taxas de consumo de peixe diferentes: taxa de ingestão média e taxa de ingestão de subsistência.

Os resultados foram mais evidentes através da aplicação da fórmula do índice de perigo que relaciona estes valores com a taxa de ingestão, a frequência de exposição e o peso corporal dos consumidores, para além de outros parâmetros, tal como indicado nos cálculos da dose média diária (DDA).

No presente estudo, o índice de perigo calculado (HI) associado ao consumo dos tecidos da pele e do músculo de ambas as espécies de peixe estudadas não representou qualquer perigo para a saúde (HI < 1) com todos os metais estudados em ambas as taxas de ingestão, exceto para o Pb no caso do consumo da pele, que excedeu o nível de risco aceitável (HI > 1) para os consumidores de peixe de subsistência.

O chumbo pode induzir uma vasta gama de efeitos adversos nos seres humanos. Os efeitos tóxicos vão desde a inibição de enzimas até à produção de patologias graves ou morte. O principal alvo da toxicidade do chumbo é o sistema nervoso. As crianças são mais sensíveis aos efeitos no sistema nervoso central, enquanto nos adultos são evidentes a neuropatia periférica, a nefropatia crónica e a hipertensão (Goyer, 1990). Além disso, o Pb afecta praticamente todos os sistemas de neurotransmissores do cérebro, incluindo os sistemas glutamatérgico, dopaminérgico e colinérgico. Todos estes sistemas desempenham um papel fundamental na plasticidade sináptica e nos mecanismos celulares das funções cognitivas, da aprendizagem e da memória (ATSDR, 2005).

A exposição ao chumbo provoca também pequenos aumentos da tensão arterial, em especial nas pessoas de meia-idade e nos idosos, e pode também causar anemia. Em níveis elevados de exposição, o Pb pode danificar gravemente o cérebro e os rins e, em última análise, causar a morte (Goyer, 1989). Outros tecidos-alvo incluem os sistemas gastrointestinal, imunitário, esquelético e reprodutor. No entanto, devido aos múltiplos modos de ação do chumbo nos sistemas biológicos, o chumbo pode potencialmente afetar qualquer sistema ou órgão do corpo (Laraque e Trasande, 2005).

No presente trabalho, os valores de HI para pescadores ou consumidores de peixe de subsistência através do consumo de peixe dos locais estudados foram muito mais elevados do que os dos consumidores adultos normais, o que alerta a sociedade para o risco futuro.

Apesar dos baixos valores de perigo para a saúde para cada metal pesado isolado, nos músculos ou na pele, os tecidos comestíveis dos peixes contêm vários metais numa forma volumosa que pode levar a efeitos adversos inesperados para a saúde humana. Assim, os efeitos de risco cumulativos dos metais em conjunto dão um sinal alarmante. Além disso, indica que a saúde dos consumidores que dependem do peixe está em perigo em redor dos sítios contaminados estudados.

Índices de crescimento

Os índices de crescimento, tais como o índice hepatossomático (HSI) e o fator de condição (K), têm sido vulgarmente utilizados para a biomonitorização do stress ambiental associado à saúde dos peixes (George-Nascimento *et al.*, 2000; Schulz e Martins-Junior, 2001; Khallaf *et al.*, 2003).

- **Índice hepatossomático (HSI)**

O índice hepatossomático (HSI) é um parâmetro biológico que ajuda a estudar o crescimento dos peixes. Além disso, o índice hepatossomático pode refletir tanto a procura de energia metabólica como o estado nutricional a curto prazo e pode ser considerado como um indicador geral de saúde, sensível a contaminantes ambientais (Cazenave *et al.*, 2009).

Os resultados actuais mostraram que o HSI de *P. hasta* recolhido nos dois locais poluídos foi significativamente inferior ao do local de referência. Este facto pode ser atribuído à depleção do glicogénio hepático seguida de hiperglicemia, que reflecte a necessidade de energia dos peixes para resistir ao stress (Dumas *et al.*, 2004). A exposição a múltiplos factores de stress que afectam o armazenamento de energia e limitam a energia disponível pode manifestar-se através da redução do HSI (Gibbons e Munkittrick, 1994), o que é apoiado pelos presentes resultados do fator de bioacumulação e do índice de poluição por metais, que revelaram valores elevados para todos os metais pesados estudados no caso do *P. hasta*.

Maceda-Veiga *et al.* (2010) atribuíram a redução do HSI à depleção das reservas de energia hepática em resposta à exposição a poluentes. Em várias espécies de peixes, o peso do fígado está positivamente associado ao conteúdo de água e glicogénio (Svobodova *et al.,* 1999). Os peixes armazenam energia nos tecidos musculares, mas também acumulam energia no fígado durante os períodos de elevada ingestão de energia. Grande parte desta energia armazenada encontra-se sob a forma de glicogénio (Schreck e Moyle, 1990). Por conseguinte, os peixes colhidos no local de referência com um índice HSI mais elevado têm provavelmente mais reservas de energia que podem contribuir para aumentar o peso do fígado, o que é coerente com os dados actuais relativos ao peso elevado do fígado dos peixes do local de referência. Esses resultados estão de acordo com os de Cazenave *et al.* (2009); Greco *et al.* (2010); Ings *et al.* (2011); Hasheesh *et al.* (2012) e Omar *et al.* (2013).

- **Fator de condição (K)**

O crescimento é um parâmetro sensível e fiável nas investigações toxicológicas crónicas. Um dos índices de crescimento nos peixes é o fator de condição (K), que tem sido aceite como um indicador integrativo do estado geral dos peixes e pode fornecer informações sobre a capacidade dos animais para tolerar as pressões ambientais. Por conseguinte, *o fator K* pode ser estimado para fins comparativos, a fim de avaliar o impacto das alterações ambientais no desempenho dos peixes (Barton *et al.*, 2002), mas não fornece informações sobre as respostas específicas às substâncias tóxicas presentes nos meios (Linde-Arias *et al.*, 2008).
Por conseguinte, a flutuação dos valores *de K* reflecte o estado de saúde dos peixes, bem como os seus teores de proteínas e lípidos corporais (Weatherley e Gill, 1987).

Os dados actuais revelaram que os valores do fator de condição (K) de *L. russellii* recolhidos nos dois locais poluídos eram significativamente inferiores aos das amostras do local de referência, o que pode indicar um estado deficiente dos peixes e um maior stress ambiental nestes locais em comparação com o local de referência. Tal como sugerido por De Boeck *et al.* (1997), a redução do valor *de K* pode dever-se ao aumento das despesas metabólicas para desintoxicação e manutenção das funções normais do corpo. Aparentemente, muitos metais estimulam as actividades dos peixes, actuando como irritantes físicos para um leque potencialmente vasto de tecidos, provocando uma taxa metabólica elevada (Scarfe *et al.*, 1982) e, assim, deixando poucas calorias para o crescimento. Além disso, Ndiaye *et al.* (2013) afirmaram que o valor reduzido do fator de condição pode ser interpretado como possivelmente causado por impactos de poluentes e, em menor grau, por muitos factores, incluindo o estado nutricional, a estação do ano e a doença. Vários estudos relacionaram o baixo fator de condição com a contaminação por metais (Laflamme *et al.*, 2000; Eastwood e Couture, 2002; Rajotte *et al.*, 2003; Omar *et al.*, 2012).

Análises sanguíneas
- Biomarcadores indicativos de stress oxidativo

Os níveis de enzimas antioxidantes e os parâmetros antioxidantes não enzimáticos têm sido amplamente utilizados como indicadores de alerta precoce da poluição da água (Lin *et al.*, 2001). A poluição aquática é um dos principais contribuintes para o stress oxidativo nos peixes, resultante do ciclo redox dos poluentes.

As espécies reactivas de oxigénio (ERO), tais como o peróxido de hidrogénio ($H2O2$), os radicais superóxido ($-O2^-$), os radicais hidroxilo (-OH) e os hidroperóxidos (ROOH), são uma parte inevitável da vida aeróbia (Collen *et al.*, 2003; Pereira *et al.*, 2009b). A sua concentração em estado estacionário é atingida pelo equilíbrio entre a produção e a eliminação, proporcionando um determinado nível de ROS em estado estacionário. O stress oxidativo é o resultado de um desequilíbrio entre a produção de ROS e as defesas antioxidantes (Nishida, 2011), e manifesta-se por danos oxidativos nos lípidos, proteínas e ADN do organismo (Almroth *et al.*, 2005; Tsangaris *et al.*, 2011).

Os metais são conhecidos indutores de stress oxidativo e a avaliação dos danos oxidativos e das defesas antioxidantes nos peixes pode refletir a contaminação do ambiente aquático por metais (Livingstone, 2003). O envolvimento dos metais nos danos oxidativos é multifacetado. Em geral, os metais produzem radicais livres de duas formas. Os metais redox activos, como o ferro, o cobre, o crómio e o vanádio, geram ROS através do ciclo redox. Os metais sem potencial redox, como o mercúrio, o níquel, o chumbo e o cádmio, prejudicam as defesas antioxidantes, especialmente as que envolvem antioxidantes e enzimas que contêm tiol (Stohs e Bagchi, 1995). Um terceiro mecanismo importante de produção de radicais livres é a reação de Fenton, através da qual o ferro ferroso (II) é oxidado pelo peróxido de hidrogénio em ferro férrico (III), um radical hidroxilo e um anião hidroxilo (Valko *et al.*, 2005). O radical superóxido pode reduzir o ferro à sua forma ferrosa. O cobre, o crómio, o vanádio, o titânio, o cobalto e os seus complexos também podem estar envolvidos na reação de Fenton (Lushchak, 2011).

Para fazer face à geração contínua de ERO, os peixes possuem sistemas de defesa antioxidante bem desenvolvidos (Almeida *et al.*, 2002; Pandey *et al.*, 2003). Este sistema inclui enzimas antioxidantes, como a superóxido dismutase (SOD), a catalase, a glutationa peroxidase (GSH-Px), a glutationa-S- transferase (GST) e a glutationa redutase (GR), bem como numerosos antioxidantes de baixo peso molecular, como a glutationa reduzida (GSH), a vitamina A, a vitamina C e a vitamina E (Van Der Oost *et al.*, 2003). Os sistemas de defesa antioxidante celular nos sistemas biológicos são afectados quando expostos a poluentes ambientais, mas os níveis de antioxidantes nos organismos vivos podem aumentar para restaurar o desequilíbrio causado pelos danos oxidativos (Yildirim e Asma, 2010). O nível de enzimas antioxidantes pode ser utilizado como um indicador do estado antioxidante do organismo e pode servir como biomarcador do stress oxidativo (Livingstone, 2001). Quando as defesas antioxidantes são prejudicadas ou ultrapassadas, o stress oxidativo pode produzir danos no ADN, inativação enzimática e peroxidação dos constituintes celulares, especialmente a peroxidação lipídica (Halliwell e Gutteridge, 1989).

Os mecanismos antioxidantes relacionados com o stress oxidativo ganharam um interesse considerável no domínio da ecotoxicologia. Por conseguinte, as enzimas antioxidantes são consideradas como biomarcadores sensíveis no stress ambiental antes da ocorrência de efeitos perigosos aparentes nos peixes (Geoffroy *et al.*, 2004).

I. Catalase

A maior parte dos organismos aeróbios e todos os vertebrados possuem dois sistemas enzimáticos que metabolizam o $H2O2$: as catalases e as peroxidases (incluindo as glutationas peroxidases encontradas nos vertebrados). As peroxidases podem geralmente atuar sobre uma variedade de peróxidos orgânicos, bem como sobre o $H2O2$, ao passo que as catalases se limitam em grande medida ao $H2O2$ (Stegeman *et al.*, 1992). As catalases catalisam uma reação conceptualmente semelhante à catalisada pela superóxido dismutase (SOD), uma reação de dismutação (Darr e Fridovich, 1986). A principal localização celular da catalase é no organelo do peroxissoma (Reddy e Lalwani, 1983). Os peroxissomas funcionam na P-oxidação dos ácidos gordos e o $H2O2$ é produzido como subproduto deste processo (Halliwell e Gutteridge, 1999). Assim, a catalase evita danos nos peroxissomas e impede o movimento do $H2O2$ para outros locais da célula (devido à sua natureza não carregada, o $H2O2$ atravessa as membranas dos organelos mais facilmente do que outros ERO). O papel desempenhado pelas catalases no metabolismo do $H2O2$ produzido fora dos peroxissomas parece variar consoante os tecidos (Di Giulio e Hinton, 2008). Assim, sabe-se que a catalase protege a célula reduzindo o $H2O2$ a $H2O$ e responde a uma vasta gama de contaminantes capazes de produzir ERO, como os hidrocarbonetos aromáticos policíclicos (HAP), os bifenilos policlorados (PCB), os metais pesados e os pesticidas, através do aumento ou da diminuição das actividades enzimáticas (Ben-Khedher *et al.*, 2013).

O presente estudo revelou que as actividades da catalase no plasma de *P. hasta* e *L. russellii* recolhidos nos locais poluídos eram significativamente inferiores às dos peixes recolhidos no local de referência.

De acordo com a bioacumulação estimada de metais pesados em diferentes tecidos de ambos os peixes poluídos, a inibição observada na atividade da catalase indica danos oxidativos nos órgãos na presença de metais pesados e pode ser atribuída à ligação de iões metálicos a grupos -SH na molécula da enzima e ao aumento de H2O2 e/ou radical superóxido devido ao stress oxidativo. Do mesmo modo, Atli e Canli (2007) demonstraram que a redução da atividade da catalase em *Oreochromis niloticus* após a exposição a metais pode estar relacionada com a ligação direta do metal a grupos -SH na molécula da enzima. Foi indicado que a rápida inativação da catalase a uma concentração elevada de peróxido de hidrogénio se devia à conversão do composto ativo da enzima em compostos inactivos (Atli *et al.*, 2006). Uma tendência semelhante da catalase foi observada em muitos estudos anteriores realizados em diferentes espécies de peixes de águas poluídas com metais pesados (Gul *et al.*, 2004; Stanic *et al.*, 2005; Fonseca *et al.*, 2011; Oliva *et al.*, 2012).

Considera-se geralmente que as tensões causadas por metais pesados induzem a produção de ROS, o que afecta diretamente a atividade das enzimas antioxidantes, especialmente a catalase (Kono e Fridovich, 1982). Chandran *et al.* (2005) supõem que a causa da depressão máxima na atividade da catalase pode ser devida à geração máxima de -O2⁻ e -OH durante a toxicidade do metal. Tsangaris *et al.* (2010) demonstraram que as baixas actividades da catalase nos mexilhões transplantados para águas poluídas podem estar associadas à dificuldade de compensar o stress oxidativo causado pelos metais. Além disso, Haiyi *et al.* (2010) referiram que os possíveis mecanismos pelos quais o metal produz uma menor atividade da catalase podem incluir a alteração estrutural direta da enzima mediada pelo metal e a depressão da síntese da catalase.

Investigações anteriores mostraram que os metais podem ser responsáveis pela depleção da catalase, como em *Cyprinus carpio* tratado com Pb (Dimitrova *et al.*, 1994); *Esomus danricus* exposto a Cu (Vutukuru *et al.*, 2006); *Paralichthys olivaceus* curado por Cd (Cao *et al.*, 2010) e *Cirrhinus mrigala* sob stress de Ni (Parthiban e Muniyan, 2011).

A superóxido dismutase (SOD), juntamente com a catalase, constitui a primeira linha de defesa contra a formação de oxirradicais (Pandey *et al.*, 2003). Espera-se, portanto, que uma diminuição da atividade da catalase possa ser seguida de uma diminuição paralela da SOD, porque ambas as enzimas estão ligadas funcionalmente e ocorrem em paralelo (Asagba *et al.*, 2008). Consequentemente, qualquer redução significativa do nível destas enzimas antioxidantes resulta em peroxidação lipídica, uma vez que os níveis normais de antioxidantes produzidos seriam incapazes de extinguir o excesso de radicais livres gerados (Vutukuru *et al.*, 2006). Pampanin *et al.* (2005) mostraram que existia uma relação inversa entre a atividade da catalase e a peroxidação lipídica em peixes expostos à toxicidade de metais. Estes resultados estão de acordo com os dados actuais, uma vez que se verificaram níveis elevados de peroxidação lipídica nos peixes recolhidos nos dois locais poluídos.

Em geral, as enzimas antioxidantes, como a catalase, podem ser induzidas por uma maior produção de ROS como mecanismo de proteção contra o stress oxidativo ou inibidas quando ocorre uma deficiência do sistema, sugerindo toxicidade (Winston e Di Giulio, 1991; Cossu *et al.*, 1997). A resposta enzimática a produtos químicos tóxicos apresenta uma tendência em forma de sino, com um aumento inicial da atividade devido à indução enzimática, seguido de uma diminuição da atividade devido ao aumento da taxa catabólica e/ou à inibição direta por produtos químicos tóxicos (Viarengo *et al.*, 2007). Por conseguinte, as baixas actividades da catalase em peixes provenientes de locais poluídos podem estar associadas a uma deficiência para compensar o stress oxidativo, possivelmente devido a níveis elevados de exposição a poluentes. Esta tendência na atividade da catalase pode ser encontrada em numerosos estudos de campo anteriores, realizados sob stress da poluição, de acordo com os níveis e a duração da exposição aos poluentes (Nasci *et al.*, 2002; Roméo *et al.*, 2003; Nesto *et al.*, 2004; Regoli *et al.*, 2004; Pampanin *et al.*, 2005).

II. Glutatião-S-transferase (GST)

A glutationa-S-transferase (GST) é uma enzima de desintoxicação multifuncional e essencialmente solúvel, localizada principalmente na fração citosólica do fígado (Sijm e Opperhuizen, 1989). A GST conjuga metabolitos electrofílicos com glutatião (GSH), tornando-os assim menos tóxicos e mais facilmente excretados (Armstrong, 1990). Assim, a GST ajuda a eliminar compostos reactivos e, subsequentemente, elimina-os como ácido mercaptúrico, protegendo assim as células contra os danos induzidos pelas ROS (Rodriguez-Ariza *et al.*, 1991; Ahmad *et al.*, 2006). Para além da sua função essencial no transporte intracelular (heme, bilirrubina e ácidos biliares) e na biossíntese de leucotrienos e prostaglandinas, um papel crítico da GST é obviamente a defesa contra danos oxidativos e produtos peroxidativos do ADN e dos lípidos (George, 1994). A toxicidade de muitos compostos exógenos pode ser modulada pela indução da GST (Commandeur *et al.*, 1995). Devido ao papel que a GST desempenha na conjugação de espécies reactivas de epóxidos e outros electrófilos, a indução desta enzima deve ser considerada benéfica para a saúde dos peixes. Por conseguinte, a GST tem sido amplamente utilizada como biomarcador para avaliar os efeitos tóxicos dos xenobióticos que geram stress oxidativo (Van der Oost *et al.*, 2003).

Os dados actuais mostraram que as actividades da GST no sangue de ambas as espécies de peixes recolhidos nos locais poluídos eram significativamente mais elevadas do que as dos peixes recolhidos no local de referência.

Esta elevada atividade da GST nos peixes recolhidos em locais poluídos indica uma defesa dos peixes contra os danos provocados pelo stress oxidativo produzido pelos poluentes ambientais. Como observado em vários estudos, as alterações na atividade da GST reflectem o processo de desintoxicação que ocorre em diferentes órgãos dos peixes expostos a compostos tóxicos (Cazenave *et al.*, 2006; Monferran *et al.*, 2008; Pesce *et al.*, 2008; Ballesteros *et al.*, 2009). Do mesmo modo, Farombi *et al.* (2007) referiram que o aumento da atividade da GST em peixes expostos a xenobióticos sugere um papel adaptativo e protetor desta biomolécula contra o stress oxidativo induzido pela presença de poluentes. Vários estudos mostraram que a exposição de peixes a metais tóxicos pode levar a um aumento da atividade da GST, como é o caso da corvina do Atlântico, *Micropogonias undulatus*, exposta a Pb (Thomas e Juedes, 1992); *Oreochromis mossambicus* tratado com Cd (Basha e Rani, 2003) e enguia europeia, *Anguilla anguilla* L., em resposta ao tratamento com Cu (Oliveira *et al.*, 2008).

O estudo de Mieiro *et al.* (2011) mostrou indução na atividade da GST em *Dicentrarchus labrax* encontrado em meios contaminados por metais. Concluíram que a GST é um bom indicador da presença de contaminantes no ambiente aquático. É também apoiada pela declaração de Tuvikene *et al.* (1999) que indicou que a GST é menos vulnerável à ação inibidora de alguns contaminantes aquáticos, especialmente metais tóxicos, em comparação com outras actividades enzimáticas habitualmente utilizadas como biomarcadores de contaminação. A indução da atividade da GST em resultado da existência de poluentes foi também referida por muitos autores (Khessiba *et al.*, 2001; Torres *et al.*, 2002;
Cazenave *et al.*, 2009; Vidal-Linan *et al.*, 2010; Ben-Khedher *et al.*, 2013; Rajeshkumar *et al.*, 2013). No entanto, a atividade das enzimas antioxidantes pode variar em função da intensidade e da duração do stress químico aplicado ao organismo, bem como da suscetibilidade das espécies expostas (Ballesteros *et al.*, 2009).

III.   Malondialdeído (MDA)

A peroxidação lipídica é um mecanismo bem estabelecido de lesão celular em animais, especialmente os aquáticos, que contêm grandes quantidades de lípidos com resíduos de ácidos gordos poli-insaturados (PUFAs), que são substratos mais vulneráveis à oxidação, pelo que a peroxidação lipídica é utilizada como indicador de stress oxidativo em células e tecidos (Ahmad *et al.*, 2006). Talvez os alvos mais estudados dos ROS sejam os PUFAs que contêm duas ou mais ligações duplas carbono-carbono (Wratten *et al.*, 1992), especialmente os associados à membrana celular e aos organelos membranosos como as mitocôndrias, os lisossomas e o retículo endoplasmático (Wong-ekkabut *et al.*, 2007). Estas membranas são complexas e as suas estruturas são normalmente constituídas por proteínas e vários fosfolípidos, como a fosfatidilcolina, a lecitina, o colesterol e as lipoproteínas, que desempenham várias funções, nomeadamente no que diz respeito à transdução de sinais e ao transporte de materiais através das membranas. Nos AGPI, os átomos de hidrogénio em carbonos saturados (hidrogénios alílicos) adjacentes a carbonos que participam em ligações duplas são mais propensos à abstração de hidrogénio por radicais de oxigénio, como -OH, RO* e ROO* (Chamulitrat e Mason, 1989). Estes hidrogénios alílicos formam ligações menos estáveis com o carbono devido às ligações duplas carbono-carbono adjacentes. A abstração dos hidrogénios alílicos por radicais de oxigénio constitui a fase inicial da peroxidação lipídica (Porter *et al.*, 1995). A iniciação resulta num radical lipídico (R*), que depois sofre um rearranjo para um radical dieno conjugado (Chamulitrat e Mason, 1989). Em condições aeróbias típicas, este radical lipídico reage rapidamente com O2, produzindo um radical peroxil lipídico (ROO^). O radical peroxil pode reagir com outro PUFA, abstraindo assim o hidrogénio, transformando-se em peróxido lipídico (LOOH) e gerando outro Rv. Este segundo Rv pode também reagir com O2 para produzir ROO e este processo pode ser repetido muitas vezes, constituindo uma reação em cadeia de radicais livres denominada propagação da peroxidação lipídica (Wratten *et al.*, 1992). Assim, a iniciação por uma molécula de radical de oxigénio pode potencialmente resultar na peroxidação de muitas moléculas de PUFA. A propagação é uma caraterística importante de muitas reacções de radicais livres, em que um radical pode estimular uma cascata de reacções potencialmente prejudiciais em sistemas biológicos (Sevanian e Ursini, 2000). Os metais de transição, como o ferro e o cobre, para além de aumentarem a produção do potente iniciador -OH através da reação de Fenton, podem também reagir diretamente com ROOH para produzir RO* e ROOv, que podem iniciar novas reacções radicais em cadeia (Binder e Gawrisch, 2001). A peroxidação lipídica pode ser terminada pela reação de dois radicais lipídicos para produzir produtos não radicais (Di Giulio e Hinton, 2008). As principais consequências da peroxidação lipídica da membrana incluem a diminuição da fluidez da membrana, o aumento da permeabilidade e a inibição de enzimas ligadas à membrana (Richter,

1987). O método mais frequentemente utilizado para monitorizar a peroxidação lipídica baseia-se na medição do seu produto final, que é o malondialdeído (MDA) (Lushchak, 2011). O MDA, que é um índice de peroxidação lipídica, pode reagir intensamente com vários componentes celulares, danificando seriamente as enzimas e as membranas e induzindo a diminuição da resistência eléctrica e da fluidez membranares, o que leva à destruição da estrutura da membrana e da respectiva integralidade fisiológica (Chandran *et al.*, 2005).

Os presentes resultados indicaram que os níveis de MDA no sangue de ambas as espécies de peixes recolhidos nos dois locais poluídos eram significativamente mais elevados do que os dos peixes do local de referência.

O aumento aparente do nível de MDA pode ser atribuído à acumulação de metais pesados em vários tecidos de peixes contaminados, o que leva a um aumento da produção de ROS, causando a peroxidação lipídica. Farombi *et al.* (2007) e Padmini e Rani (2009) indicaram que a acumulação de metais em concentrações elevadas no fígado, nos rins e nas brânquias dos peixes induzia a peroxidação lipídica e a alteração das enzimas antioxidantes nos tecidos e órgãos dos peixes. Estas conclusões são corroboradas pelos danos detectados nos tecidos do fígado, tal como indicado pela diminuição significativa do HSI de *P. hasta* e pela diminuição significativa do peso do fígado de ambas as espécies de peixes recolhidos nos locais poluídos.

O metabolismo dos metais pesados resulta frequentemente na formação de ROS, que são conhecidos por extrair átomos de hidrogénio de ligações insaturadas, alterando assim a estrutura e/ou função dos lípidos (Grune *et al.*, 2004). Este processo de extração é mais fácil nos ácidos gordos polinsaturados (AGPI) devido à proximidade das ligações insaturadas, o que permite uma extração mais fácil de átomos de hidrogénio de um grupo metileno. Assim, a fluidez da membrana e, consequentemente, a função dos organelos e a saúde celular podem ser afectadas (Oliva *et al.*, 2012). Do mesmo modo, Bagnyukova *et al.* (2006) observaram um aumento da peroxidação lipídica em *Carassius auratus* exposto a Fe e revelaram que a reação de Fenton com H2O2 pré-existente é apenas um iniciador menor de oxidações de radicais livres e que os principais iniciadores de oxidações biológicas de radicais livres são as espécies oxidantes formadas pela reação de Fe^{2+} com O2. Também Haiyi *et al.* (2010) demonstraram que o nível de MDA em *Cephalothrix hongkongiensis* aumentou na presença de Cu e atribuíram esse facto à redução de Cu (II) na presença de ácido ascórbico e GSH a Cu (I), que catalisa a formação de -OH através da decomposição de H2O2 por meio de reacções de Fenton, conduzindo finalmente à peroxidação lipídica. Além disso, Maiti *et al.* (2010) descreveram níveis elevados de MDA no peixe-gato ambulante, *Clarias batrachus*, após exposição ao Pb. Sabe-se que o Pb induz a geração de ROS, incluindo hidroperóxidos, -O2⁻ e H2O2, que aumentam a peroxidação lipídica e a acumulação de MDA e também diminuem a fluidez da membrana (Sevcikova *et al.*, 2011). Além disso, *o Synechogobius hasta* exposto ao Cd apresentou um aumento da peroxidação lipídica (Liu *et al.*, 2011). O cádmio é um metal altamente tóxico que gera indiretamente várias ERO, como H2O2, -O2⁻ e -OH, substituindo o Fe e o Cu em várias proteínas citoplasmáticas e de membrana, como a ferritina e a apoferritina, aumentando assim a quantidade de iões Cu e Fe livres ou quelatados não ligados, que participam então no stress oxidativo através de reacções de Fenton (Wang *et al.*, 2004). Foi também observado um aumento do nível de MDA em muitas espécies de peixes em condições de stress no terreno (Farombi *et al.*, 2007; Ruas *et al.*, 2008; Padmini e Rani, 2009; Yildirim *et al.*, 2011; Oliva *et al.*, 2012). Assim, o nível elevado de MDA indica a suscetibilidade das moléculas lipídicas às ERO e a extensão do dano oxidativo imposto a estas moléculas (Bebianno *et al.*, 2004). Além disso, as actividades das enzimas antioxidantes nos peixes recolhidos nos locais poluídos podem não ser suficientes para remover as ERO e neutralizar os seus efeitos, e os efeitos tóxicos dos poluentes podem ultrapassar as defesas antioxidantes, resultando num aumento da peroxidação lipídica.

Além disso, Sadauskas-Henrique *et al.* (2011) e Yildirim *et al.* (2011) atribuíram o elevado nível de MDA à inibição da atividade da catalase. Muitos estudos anteriores mostraram uma relação inversa entre a atividade da catalase e a peroxidação lipídica em peixes (Cao *et al.*, 2010; Duarte *et al.*, 2011; Rajeshkumar *et al.*, 2013). Pampanin *et al.* (2005) sugeriram que a atividade da catalase foi reduzida devido ao aumento dos níveis de poluição e que não foi suficiente para eliminar o H2O2 antes da formação de radicais hidroxilo, levando ao aumento da peroxidação lipídica. Estes resultados foram concomitantes com os baixos níveis de catalase observados nos trabalhos recentes em peixes de locais poluídos, acompanhados de níveis elevados de MDA. Além disso, Bebianno *et al.* (2005) deduziram que um nível elevado de MDA poderia ser o resultado de uma deficiência no sistema de defesa antioxidante, como a catalase.

- Biomarcadores indicativos das funções hepática e renal

A utilização da abordagem bioquímica tem sido amplamente defendida para fornecer um alerta precoce de alterações potencialmente prejudiciais ou do estado de saúde dos peixes (De-Pedro *et al.*, 1998). De acordo com Luskova (1997) e Edsall (1999), a caraterização bioquímica do sangue dos peixes é um índice do estado do meio interno. Os peixes são particularmente sensíveis a contaminantes ambientais transportados pela água e são reconhecidos como um modelo útil para indicar a qualidade da água (Murty, 1986). Os poluentes podem danificar significativamente certos processos fisiológicos e bioquímicos quando entram no corpo do peixe (Teh *et al.*, 1997). Por conseguinte, a utilização de biomarcadores bioquímicos e fisiológicos dos peixes tem sido recomendada por vários autores para abordagens toxicológicas (Gluth e Hanke, 1985; Abo-Hegab *et al.*, 1990).

A medição de parâmetros bioquímicos em peixes que respondem especificamente ao grau e tipo de contaminação pode ser utilizada para avaliar o impacto dos contaminantes nos ecossistemas aquáticos (Petrivalsky *et al.*, 1997). O fígado desempenha um papel importante no metabolismo básico e é o principal órgão de acumulação, biotransformação e excreção de poluentes nos peixes (Figueiredo-Fernandes *et al.*, 2006). A concentração de poluentes pode alterar as actividades enzimáticas e, frequentemente, induzir diretamente danos celulares em órgãos específicos (Yang e Chen, 2003). A aspartato aminotransferase (AST) e a alanina aminotransferase (ALT) são enzimas utilizadas no diagnóstico de danos causados por poluentes em vários tecidos de peixes (De la Tore *et al.*, 2000); Figueiredo-Fernandes *et al.*, 2006). A atividade destas enzimas no plasma pode também ser um indicador de stress. Os metais podem aumentar ou diminuir as enzimas sanguíneas, consoante o tipo de metal, a espécie de peixe e a qualidade da água (Dethloff *et al.*, 1999). No entanto, a utilização de parâmetros bioquímicos continua a ser interessante como indicadores de danos nos peixes selvagens resultantes de uma exposição crónica (Begum, 2004; Palanivelu *et al.*, 2005).

Os resultados do presente estudo revelaram actividades significativamente mais elevadas de AST e ALT no plasma de *P. hasta* e *L. russellii* colhidos nos dois locais poluídos em comparação com os colhidos no local de referência. As actividades elevadas de AST e ALT são uma resposta funcional que lida com as necessidades energéticas adicionais para fazer face ao stress causado pelos metais, tal como referido por Giannini *et al.* (2005). Além disso, o nível elevado de aminotransferases no sangue pode resultar de danos nos tecidos do fígado pela ação dos metais pesados bioacumulados registados, como indicado por Rajabipour *et al.* (2010). A ação metabólica das células hepáticas tem sido considerada como um importante mecanismo de defesa contra os tóxicos e as transformações envolvidas têm sido referidas como desintoxicação. A grande suscetibilidade do fígado a danos causados por agentes químicos é presumivelmente uma consequência do seu papel primário no metabolismo de substâncias tóxicas (Al-Attar, 2004). Zaghloul *et al.* (2011) referiram que o fígado é rico em AST e ALT, pelo que qualquer lesão pode resultar na libertação de grandes quantidades destas enzimas para o sangue. No entanto, o fígado desempenha um papel importante nos processos metabólicos e na desintoxicação de muitos xenobióticos, pelo que a exposição aguda a metais pode levar à sua bioacumulação no fígado e provocar alterações patológicas (Braunbeck, 1994). Além disso, a lesão celular de certos órgãos, como o fígado, leva à libertação de enzimas específicas dos tecidos na corrente sanguínea (Burtis e Ashwood, 1996). De acordo com Vutukuru *et al.* (2007), o aumento significativo da atividade das aminotransferases em peixes expostos a metais pesados pode dever-se à possível fuga de enzimas através de membranas plasmáticas danificadas e/ou ao aumento da síntese de enzimas pelo fígado. Kavitha *et al.* (2010) explicaram o elevado nível de aminotransferases pela tentativa de um organismo de atenuar o stress tóxico e induzido através do aumento da taxa de metabolismo. Muitos estudos anteriores de campo e experimentais mostraram níveis elevados de AST e ALT em resposta à existência de metais pesados, como em *Liza saliens* (Fernandes *et al.*, 2008b), *Oreochromis niloticus* exposto a Cd e Cu (Öner *et al*, 2008), *Cyprinus carpio* sob o efeito de Cd, Pb, Ni e Cr (Rajamanickam e Muthuswamy, 2008), *Oreochromis mossambicus* exposto a Cd (Thirumavalavan, 2010) e *Tilapia zillii* tratada com Pb (Zaki *et al.*, 2010).

A ureia no sangue é um dos principais produtos metabólicos do catabolismo proteico que contém azoto e actua como um dos principais osmólitos. Os níveis de ureia no sangue foram geralmente aumentados pelo tratamento com metais (Yang e Chen, 2003). A ureia, enquanto catabolito de azoto, aumenta com o aumento do catabolismo proteico (sépsis, insuficiência renal, jejum) e reflecte a quantidade de azoto degradado que é excretado do organismo. A creatinina é outro produto residual azotado que é eliminado pelo rim, quando a excreção é suprimida na insuficiência renal (Joshi e Bose, 2002). A creatinina e a ureia plasmáticas podem ser utilizadas como índices aproximados da taxa de filtração glomerular e da disfunção renal (McDonald e Grosell, 2006). Níveis baixos de creatinina e ureia não têm significado, mas o seu aumento indica vários distúrbios nos rins (Omar *et al.*, 2013).

Como se pode observar nos presentes resultados, os níveis de creatinina mostraram diferenças insignificantes entre os locais estudados em ambas as espécies de peixes. Entretanto, os níveis médios de ureia no plasma de *P. hasta* recolhidos em locais poluídos foram significativamente mais elevados do que os do local não poluído. O aumento do nível de ureia pode ser confirmado pelas alterações histopatológicas ligeiras detectadas em amostras de rins de peixes recolhidos nestes dois locais poluídos, tal como discutido mais adiante no exame histopatológico. De acordo com Zaki *et al.* (2009), os níveis elevados de ureia em peixes expostos a metais podem ser atribuídos a lesões renais. Tal como indicado pelo índice de poluição por metais calculado e pelo fator de bioacumulação no presente estudo, ficou claro que o rim e o fígado eram os órgãos mais susceptíveis à acumulação de metais. Isto explica a deteção de níveis mais elevados de ureia, ALT e AST em ambas as espécies de peixes recolhidos nos locais poluídos. As flutuações da ureia no sangue indicam um declínio das funções hepáticas e/ou uma falha da capacidade osmorreguladora das brânquias (Allen *et al.*, 2005). Grosell *et al.* (2004) registaram um aumento da ureia plasmática em *Opsanus beta* expostos ao cobre. Atribuíram este facto à tendência da ureia para aumentar o catabolismo proteico, juntamente com a desaminação acelerada de aminoácidos para a gluconeogénese. O mesmo comportamento da ureia em resposta à contaminação por metais pesados também foi observado em *Heteropneustes fossilis* (Singh e Reddy, 1990); *Salmo trutta* L. (Bernet *et al.*, 2001); *Oreochromis niloticus* (Öner *et al.*, 2008) e *Cyprinus carpio* L. (Brucka-Jastrz^bska e Kawczuga, 2011).

- Perfil proteico do plasma

Sabe-se que as proteínas plasmáticas desempenham um papel vital na manutenção da osmolaridade, da capacidade tampão e do pH do sangue, além de actuarem como transportadoras de vários nutrientes, metabolitos e iões metálicos. Têm também grande importância no mecanismo de defesa do organismo no que diz respeito à sua fração de globulina (Yousuf *et al.*, 2012). A albumina e a globulina são duas partes importantes da proteína total, e as alterações nestes parâmetros afectam o nível de proteína total (Shahsavani *et al.*, 2010). São consideradas antioxidantes não enzimáticos, porque desempenham um papel importante na ligação e entrega de metais aos tecidos (De Smet e Blust, 2001). Além disso, o rácio albumina/globulina (rácio A/G) é um índice utilizado para acompanhar as alterações relativas na composição das proteínas plasmáticas (Mazeoud *et al.*, 1977). Outros parâmetros plasmáticos, como a proteína total, são normalmente utilizados como indicadores de stress (Firat e Kargin, 2010). A maioria destas proteínas é sintetizada no fígado (Ziak *et al.*, 2002).

A medição das proteínas totais, da albumina e da globulina no plasma tem um valor diagnóstico considerável nos peixes, uma vez que está relacionada com o estado nutricional geral, bem como com a integridade do sistema vascular e as funções hepáticas (Abdel-Tawwab *et al.*, 2008). As alterações nas concentrações de proteínas plasmáticas têm sido utilizadas como indicador da resposta ao stress nos peixes (Caruso *et al.*, 2005).

No presente estudo, verificaram-se valores significativamente mais baixos de proteínas totais (hipoproteinemia), albumina (hipoalbuminemia) e globulina (hipoglobulinemia) no plasma de ambas as espécies de peixes recolhidos nos locais poluídos, em comparação com os recolhidos nos locais não poluídos.

De acordo com Marzouk *et al.* (2005) e Bayoumy *et al.* (2008), em condições de stress, as brânquias tornam-se permeáveis à água e aos iões, o que provoca perturbações no equilíbrio osmorregulador. Assim, a diminuição das proteínas totais, da albumina e da globulina pode dever-se à hemodiluição. Osman *et al.* (2009) observaram uma diminuição acentuada das proteínas totais, da albumina e da globulina no soro de *Clarias gariepinus* em resposta à interação entre a tricodiníase e a poluição com Benzo-a-Pireno. Além disso, Jana e Bandyopadhyaya (1987) afirmaram que todas as substâncias tóxicas, como os pesticidas ou os metais pesados, são conhecidas por deprimir as proteínas do sangue dos peixes, quer por inibição da atividade de síntese proteica, quer por afetar de alguma forma a absorção de aminoácidos na cadeia polipeptídica. Além disso, o baixo teor de proteínas plasmáticas pode ser atribuído à sua utilização como fonte de energia durante condições de stress, devido à depleção da fonte imediata de energia após a exposição a substâncias tóxicas (Bhatia *et al.*, 2002). Do mesmo modo, Maruthanayagam e Sharmila (2004) atribuíram a diminuição do nível de proteínas em *Cyprinus carpio* à diversificação da energia para satisfazer a procura iminente de energia causada pelo stress tóxico.

Além disso, os baixos níveis de proteínas plasmáticas podem ser importantes para a produção de energia durante a toxicidade dos poluentes e/ou devido a outros processos patológicos, incluindo danos renais e a sua eliminação na urina, diminuição da síntese de proteínas no fígado, alteração do fluxo sanguíneo hepático e/ou dissolução do plasma (Gluth e Hanke, 1985). Além disso, as proteínas totais plasmáticas estão normalmente associadas ao estado do fígado e verificou-se que diminuem à medida que os índices histopatológicos do fígado aumentam ou em caso de perturbações hepáticas (Bernet *et al.*, 2001). Estes resultados foram compatíveis com os de Rajamanickam e Muthuswamy (2008), que demonstraram que o baixo nível de proteínas plasmáticas na carpa comum, *Cyprinus carpio* L., exposta a metais pesados pode dever-se a vários processos patológicos induzidos por metais pesados, incluindo a dissolução do plasma, danos renais e eliminação de proteínas na urina, uma diminuição da síntese de proteínas hepáticas e alteração do fluxo sanguíneo hepático e/ou hemorragia na cavidade peritoneal e no intestino.

Exame histopatológico

As investigações histopatológicas são há muito reconhecidas como biomarcadores fiáveis de stress nos peixes. Têm sido amplamente utilizadas como biomarcadores na avaliação da saúde dos peixes expostos a contaminantes, tanto em laboratório como em estudos de campo (Van der Oost *et al.*, 2003). Uma das grandes vantagens da utilização de biomarcadores histopatológicos na monitorização ambiental é que esta categoria de biomarcadores permite examinar órgãos-alvo específicos, incluindo brânquias, rins e fígado, que são responsáveis por funções vitais, como a respiração, a excreção e a acumulação e biotransformação de xenobióticos nos peixes (Gernhofer *et al.*, 2001). Para além disso, as alterações encontradas nestes órgãos são normalmente mais fáceis de identificar do que as funcionais (Fanta *et al.*, 2003) e servem como sinais de aviso de danos para a saúde animal (Hinton e Laurén, 1990).

Os resultados de bioacumulação e os índices bioquímicos obtidos foram confirmados pelos exames histopatológicos de alguns órgãos vitais (brânquias, fígados e rins) de ambas as espécies de peixes estudadas; *P. hasta* e *L. russellii,* recolhidas nos três locais estudados, situados ao longo da costa do Mar Vermelho de Hodeida, República do Iémen.

As alterações histopatológicas e a deterioração da histo-arquitetura observadas nas brânquias, no fígado e nos rins de ambas as espécies de peixes recolhidos em locais poluídos (2 e 3) estavam geralmente de acordo com os resultados da bioacumulação de metais pesados nestes órgãos, ao passo que as alterações histopatológicas das amostras recolhidas no local de referência variavam entre alterações nulas e moderadas. Este facto foi principalmente atribuído às baixas concentrações de metais pesados, bem como à melhor qualidade da água detectada no local de referência em comparação com as dos outros dois locais poluídos estudados.

- Guelras

As brânquias dos peixes participam em muitas funções importantes do corpo, como a respiração, a osmorregulação, a excreção de produtos residuais azotados e a regulação ácido-base. São consideradas como o principal órgão-alvo dos contaminantes e são sensíveis a alterações na qualidade da água, uma vez que permanecem em estreito contacto com o ambiente externo (Mazon *et al.*, 2002; Fernandes e Mazon, 2003). Borkovic *et al.* (2008) sugeriram que as brânquias apresentam uma resposta de baixo limiar ao stress oxidativo, uma vez que são o primeiro tecido a entrar em contacto com contaminantes de origem aquática.

As substâncias tóxicas podem causar danos nos tecidos das brânquias, reduzindo assim o consumo de oxigénio e perturbando a função osmorreguladora dos organismos aquáticos. No presente estudo, as alterações histopatológicas nas brânquias de ambas as espécies de peixes recolhidas nos locais poluídos incluíram hiperplasia, edema, separação epitelial, alterações degenerativas, fusão e encurtamento das lamelas secundárias, congestão dos vasos sanguíneos e telangiectasia lamelar. Todas estas alterações facilitaram, consequentemente, a passagem de metais bioacumulados para outros tecidos dos peixes (Abbas *et al.*, 2002; Velcheva *et al.,* 2010).

As condições ambientais tóxicas podem resultar em dois tipos de alterações estruturais nos tecidos das brânquias dos peixes. Um é o efeito tóxico direto dos poluentes, que leva à degeneração e à necrose. Outra é o desenvolvimento de mecanismos compensatórios, como a hiperplasia celular, a degenerescência por elevação e balonamento, que lidam com os factores de stress ambiental (Hughes *et al.,* 1979; Bhagwant e Elahee, 2002).

De acordo com Mallatt (1985), o edema do epitélio branquial é um dos sintomas mais frequentes observados no epitélio branquial de peixes expostos a metais pesados. Estas alterações foram registadas noutras espécies expostas a metais pesados, em particular ao Cd (Pratap e Wendelaar Bonga, 1993; Thophon *et al.*, 2003), sendo por vezes referidas como um primeiro sinal de patologia (Thophon *et al.*, 2003). O edema pode servir como um mecanismo de defesa, porque a separação epitelial das lamelas aumenta a distância através da qual os poluentes transportados pela água têm de se difundir para chegar à corrente sanguínea (Arellano *et al.*, 1999). Além disso, Osman *et al.* (2010a) referiram que as alterações de edema observadas nas brânquias do peixe-gato africano, *Clarias gariepinus*, se devem provavelmente ao aumento da permeabilidade capilar.

A separação do epitélio lamelar pode ser uma resposta de defesa do sistema circulatório contra os poluentes. Mallatt (1985) indicou que a separação epitelial era a alteração mais frequentemente descrita. Esta condição aumenta a distância que as substâncias tóxicas têm de percorrer para chegar à corrente sanguínea, pelo que a separação epitelial pode ser considerada como um mecanismo de defesa contra a entrada de poluentes excessivos na água. É evidente que a separação do epitélio lamelar secundário e a diminuição do consumo de oxigénio provocam anomalias nas funções respiratórias dos peixes.

A hiperplasia das brânquias tem sido considerada como um sinal comum de toxicidade crónica causada por vários poluentes químicos (Kantham e Richards, 1995; Figueiredo-Fernandes *et al.*, 2007). Benson *et al.* (1987) observaram uma diminuição acentuada das funções respiratórias do teleósteo de água doce, *Notemigonus crysoleucas*, exposto ao cádmio. Afirmaram que o levantamento do epitélio ou a hiperplasia do epitélio resulta num aumento da distância de difusão, afectando assim a troca de gases, e que a fusão das lamelas provoca uma diminuição da área respiratória total das brânquias, o que resulta numa diminuição do consumo de oxigénio para as actividades metabólicas totais. Além disso, Camargo e Martinez (2007) deduziram que a hiperplasia do epitélio branquial poderia servir como uma função de defesa, uma vez que esta alteração aumenta a distância através da qual os irritantes transportados pela água têm de se difundir para atingir a corrente sanguínea. Foi sugerido que esta reação hiperplásica pode ser um mecanismo compensatório para aumentar a espessura epitelial, impedindo a entrada de iões tóxicos na corrente sanguínea, ou para compensar o desequilíbrio osmótico (Arnaudova *et al.*, 2008). Além disso, a hiperplasia foi registada por Pelgrom *et al.* (1995), que revelaram que este sintoma é geralmente atribuído a danos estruturais e funcionais nas brânquias em resultado da acumulação de metais pesados, que causam danos no epitélio branquial, hipertrofia e hiperplasia do epitélio branquial e, em última análise, destroem as caraterísticas de permeabilidade das células. Randi *et al.* (1996) registaram hiperplasia e separação no epitélio respiratório de *Macropsobrycon uruguayanae* após exposição ao cádmio. Vários estudos indicaram que a hiperplasia ocorre nas brânquias como resposta à exposição a metais, como referido em *Puntius conchonius* exposto a Cd (Gill *et al.*, 1988), *Tinca tinca* exposto a Pb (Roncero *et al.*, 1990), *Puntius altus* exposto a Cd (Jiraungkoorskul *et al.*, 2006), *Poronotus triacanthus* exposto a Cu (Jiraungkoorskul *et al.*, 2007) e *Oreochromis niloticus* sob stress de metais pesados (Kaoud e El-Dahshan, 2010). Nero *et al.* (2006) afirmaram que a hiperplasia pode causar desarranjos das lamelas secundárias e levar a fusões de lamelas que dificultam as trocas gasosas, enquanto a necrose e os processos neoplásicos comprometem a maioria das funções do órgão.

A fusão e a hiperplasia das lamelas branquiais podem ser induzidas pelo efeito da toxina que altera a glicoproteína na cobertura mucosa das células, afectando assim a carga negativa do epitélio e favorecendo a adesão às lamelas adjacentes (Ferguson, 1989). Outras alterações, como a fusão de lamelas secundárias, também podem ser consideradas como um mecanismo de defesa, uma vez que, em geral, resultam no aumento da distância entre o ambiente externo e o sangue e diminuem a quantidade de área vulnerável da superfície branquial, servindo assim como uma barreira à entrada de contaminantes (Camargo e Martinez, 2007). Os mesmos resultados foram anteriormente registados em diferentes espécies de peixes expostos a poluentes (Oliveira *et al.*, 2000; Cerqueira e Fernandes, 2002; Fanta *et al.*, 2003). Como consequência do aumento da distância entre a água e o sangue, a absorção de oxigénio é prejudicada. No entanto, os peixes têm a capacidade de aumentar a sua taxa de ventilação, para compensar a baixa absorção de oxigénio (Fernandes e Mazon, 2003).

A telangiectasia lamelar resulta da rutura das células pilares e dos capilares sob o efeito da poluição por metais, o que pode levar à acumulação de eritrócitos na porção distal das lamelas secundárias (Roberts, 2001). Do mesmo modo, Rosety-Rodriguez *et al.* (2002) deduziram que podem ocorrer algumas alterações nos vasos sanguíneos das brânquias quando os peixes sofrem um tipo de stress mais grave. Neste caso, a danificação das células pilares pode resultar num aumento do fluxo sanguíneo no interior das lamelas, provocando a dilatação do canal marginal, a congestão sanguínea ou mesmo um aneurisma.

- Fígado

O fígado dos peixes é o principal órgão de metabolismo, desintoxicação de xenobióticos e excreção de substâncias nocivas. Tem a capacidade de degradar compostos tóxicos, mas o seu mecanismo de regulação pode ser ultrapassado por concentrações elevadas destes compostos, o que pode subsequentemente resultar em danos estruturais (Brusle e Gonzalez, 1996). Assim, a monitorização das alterações histopatológicas no fígado dos peixes é uma forma altamente sensível e precisa de avaliar os efeitos dos compostos xenobióticos em estudos de campo e experimentais (Figueiredo-Fernandes *et al.*, 2007).

Foram observadas várias alterações patológicas no tecido hepático de ambas as espécies de peixes recolhidos em locais poluídos, incluindo degeneração vacuolar, infiltração de células sanguíneas através dos hepatócitos, cariomegalia (núcleos escuros e condensados), degeneração dos hepatócitos, peliose (cavidade cheia de sangue sem revestimento de células endoteliais) e desorientação dos tecidos em torno das células pancreáticas. Estes resultados estão de acordo com o trabalho de vários autores, como Myers *et al.* (1987), Manahan (1991), Bucher e Hofer (1993) e Mohamed (2009). Além disso, Mohamed (2008) atribuiu as alterações patológicas no fígado de *Oreochromis niloticus* e *Lates niloticus* ao efeito cumulativo dos metais e ao aumento das suas concentrações no fígado.

O fígado dos peixes é sensível aos contaminantes ambientais porque muitos contaminantes tendem a acumular-se no fígado, expondo-o a níveis muito mais elevados do que no ambiente ou noutros órgãos (Heath, 1995). Osman *et al.* (2010a) observaram a degradação dos hepatócitos, células inflamatórias e congestão dos vasos sanguíneos no tecido hepático do peixe-gato africano, *Clarias gariepinus*, e atribuíram estes sintomas aos efeitos tóxicos diretos dos poluentes nos hepatócitos. Supuseram também que o fígado é considerado um bom indicador da poluição ambiental aquática, uma vez que uma das suas funções mais importantes é a desintoxicação de substâncias tóxicas.

Foi referido que o fígado exposto a tóxicos apresenta vacuolação celular devido à acumulação excessiva de gordura no citoplasma (Bogiswariy *et al.*, 2008). Além disso, foram observadas numerosas estruturas vacuolares cheias de detritos celulares e muitas partículas escuras. Pensa-se que esta alteração histológica nos tecidos do fígado é uma resposta das células de Kupffer (responsáveis pela desintoxicação) a vários poluentes e estes resultados coincidem com os de Koca *et al.* (2005). A cariomegalia pode ser devida à deposição de lípidos e glicogénio (Myers *et al.*, 1987).

A degeneração dos tecidos hepáticos pode dever-se à acumulação e infiltração de neutrófilos e linfócitos (Koca *et al.*, 2005). Além disso, a degeneração e a necrose dos hepatócitos podem ser atribuídas ao efeito cumulativo dos metais pesados e ao aumento das suas concentrações no tecido hepático. Abbas *et al.* (2002) mencionaram que o fígado de *Oreochromis aureus* apresentava numerosos ductos biliares, para além de poucos linfócitos nas áreas portais e alterações degenerativas dos hepatócitos após exposição ao cobre. Os mesmos resultados foram também registados por Authman e Abbas (2007) que atribuíram esta alteração ao efeito tóxico de metais pesados, especialmente Cu e Zn. Estas alterações patológicas também coincidem com as relatadas por Arellano *et al.* (1999) que demonstraram um aumento da vacuolização da gordura, sinusóides e vénulas cheias de glóbulos vermelhos, bem como degradação hepatocelular e necrose após o tratamento com cobre. Estas alterações histopatológicas sugerem uma elevada atividade metabólica nos hepatócitos em resposta à absorção de vários poluentes, tal como referido por Thophon *et al.* (2003).

As alterações histopatológicas detectadas no tecido hepático de ambas as espécies de peixes são fortemente confirmadas pelo aumento significativo detectado nos níveis de aminotransferases sanguíneas (ALT e AST) de ambas as espécies de peixes recolhidos nos locais poluídos. Além disso, os valores significativamente mais elevados de ALT e AST de *P. hasta* do que os de *L. russellii*, juntamente com o grau de danos no fígado registado em ambas as espécies de peixes, sugerem que a resposta *de P. hasta* foi muito mais elevada do que a *de L. russellii*.

- Rim

O rim dos teleósteos é um dos primeiros órgãos a ser afetado pelos contaminantes presentes na água (Thophon *et al.*, 2003). Os efeitos dos poluentes nos rins dos peixes têm sido estudados em algumas espécies e a gravidade dos danos depende da sensibilidade da espécie às substâncias libertadas no ambiente (Oliveira Ribeiro *et al.*, 1996; Schwaiger, 2001; Pacheco e Santos, 2002).

Devido ao importante papel do rim na excreção de materiais nocivos, o presente estudo comprovou a ocorrência de várias alterações histopatológicas no rim resultantes da toxicidade por metais pesados.

Os rins de ambas as espécies de peixes estudadas, recolhidos nos locais poluídos, revelaram uma lesão progressiva dos túbulos renais, necrose tubular, separação das células epiteliais tubulares, inchaço turvo dos túbulos renais, oclusão do lúmen tubular, infiltração de células sanguíneas, degeneração dos túbulos renais e dos tecidos hematopoiéticos e degradação vacuolar. Estes sinais de necrose e desintegração dos túbulos renais devido à toxicidade dos metais pesados estão em consonância com Al-Zahaby *et al.* (1998) que descreveram vacuolação e desintegração nos túbulos renais de *Sarotherodon galilaeus* expostos a níveis médios de Cu, Zn e Pb (1/2 LC50), enquanto os expostos a concentrações mais elevadas destes metais apresentaram graus mais elevados de desintegração.

Estes resultados também são apoiados pelas conclusões de Ghazaly e Said (1995), que ilustraram que a exposição de peixes a concentrações elevadas de metais pesados levou à desintegração do epitélio renal, à deslocação dos núcleos, à contração dos glomérulos, à rutura da cápsula de Bowman e a uma forte infiltração de células inflamatórias.

O presente trabalho confirma esta lesão renal através do aumento significativo dos níveis de ureia no plasma de *P. hasta* recolhido nos locais poluídos. Entretanto, o aumento não significativo detectado nos níveis de ureia de *L. russellii* e no nível de creatinina de ambas as espécies de peixe associado ao grau das alterações histopatológicas detectadas pode indicar que *P. hasta* é mais sensível às condições de poluição detectadas nas áreas estudadas.

De acordo com Handy e Penrice (1993), a alteração mais comum encontrada nos rins de peixes expostos a contaminantes metálicos foi a degeneração tubular. A exposição a metais provoca frequentemente alterações nos túbulos renais, tal como descrito por Thophon *et al.* (2003) para o robalo branco, *Lates calcarifer*, exposto ao cádmio. Além disso, Camargo e Martinez (2007) relataram degeneração tubular no rim de *Prochilodus lineatus*, enjaulado num riacho urbano. De acordo com Romao *et al.* (2006), as alterações tubulares são principalmente atribuídas à perturbação das funções normais dos túbulos, que incluem a excreção de iões divalentes ou a reabsorção ou secreção de moléculas. Os presentes resultados estão também de acordo com os de Silva e Martinez (2007), Zaghloul *et al.* (2007) e Hasheesh *et al.* (2012). Estas lesões e danos nos tecidos renais sugerem mecanismos de defesa demasiado lentos nas células para imobilizar ou eliminar metais pesados, demonstrando a sensibilidade dos peixes à exposição a metais (Mela *et al.*, 2007).

<u>**Conclusões e recomendações**</u>

Até onde sabemos, não foram realizados estudos de biomonitorização que integrem vários biomarcadores para avaliar o estado de poluição na costa do Mar Vermelho de Hodeida, República do Iémen. Assim, o presente estudo fornece uma base de referência sobre o estado de poluição nessa zona.

A poluição por metais constitui um problema crítico nos locais de estudo, tal como refletido pelas elevadas concentrações de metais registadas nas amostras de água e de sedimentos. Devido à descarga contínua nos habitats aquáticos considerados neste estudo, as concentrações de metais pesados podem em breve atingir um nível perigoso que afecta a saúde das comunidades humanas locais.

Finalmente, a associação entre os parâmetros bioquímicos e o exame histopatológico provou ser uma forma eficiente de avaliar a resposta dos peixes a condições de poluição intrincadas e demonstrou claramente o padrão de bioacumulação específico de ambas as espécies de peixes, com *P. hasta* a mostrar uma resposta mais vigorosa do que *L. russellii*.

Os resultados do presente trabalho mostram a importância da integração de conjuntos de biomarcadores para identificar os impactos antropogénicos de uma população humana crescente no ambiente aquático marinho e provam que os metais pesados detectados nas áreas estudadas têm o potencial de afetar os habitantes aquáticos.

Por conseguinte, este estudo recomenda vivamente a coordenação de diferentes esforços para salvar os habitats poluídos de graves problemas ecológicos, utilizando uma gestão adequada e investigação científica especializada.

Resumo

Num país em desenvolvimento como o Iémen, tem sido dada pouca atenção aos problemas de poluição aquática por fontes antropogénicas, uma vez que os problemas económicos e sociais têm tido maior prioridade do que a contaminação ambiental. A costa de Hodeida, no Mar Vermelho, é utilizada para a eliminação de resíduos por várias indústrias ao longo do seu curso. Sofre também um forte impacto das actividades agrícolas e das descargas domésticas. Não tem havido um controlo rigoroso destas descargas e os contaminantes de origem industrial, agrícola e doméstica são descarregados sem qualquer tratamento ao longo das suas margens. Assim, existe uma situação de mistura de diferentes tipos de contaminações ambientais que dificulta a avaliação dos efeitos reais da poluição no biota deste sistema aquático.

Durante as duas últimas décadas, o interesse na utilização de biomarcadores (parâmetros a nível de sub-organismos) ou bioindicadores (parâmetros a níveis de organização biológica mais elevados) como instrumentos de monitorização para avaliar a poluição ambiental tem aumentado de forma constante. Os biomarcadores fornecem um padrão realista de stress no biota exposto resultante da exposição a poluentes. Além disso, os biomarcadores fornecem informações muito antes de ocorrerem reacções na população ou mesmo nos ecossistemas. Como respostas de organismos que vivem em condições desfavoráveis, podem ser utilizados como sentinelas de alerta precoce antes de as populações ou os ecossistemas sofrerem danos graves.

O presente estudo de campo teve como objetivo investigar vários biomarcadores em duas espécies comuns de peixes marinhos; *P. hasta* e *L. russellii,* como indicadores da poluição da água na costa do Mar Vermelho de Hodeida, República do Iémen. Por conseguinte, foram avaliados os índices de crescimento, os parâmetros bioquímicos e as alterações histopatológicas nas brânquias, no fígado e nos rins das duas espécies de peixes estudadas, recolhidas em dois locais poluídos, em comparação com os do local de referência. Além disso, o nível de exposição humana resultante do consumo de metais pesados nos tecidos comestíveis dos peixes (músculo e pele) foi estimado através de uma equação de dose média diária. Além disso, para cada um dos metais pesados investigados, a dose média diária foi utilizada para estimar o índice de perigo como uma indicação dos seus efeitos na saúde humana com base em níveis normais e de subsistência de consumo de peixe.

Os índices de qualidade da água estudados mostraram que os valores de temperatura, condutividade eléctrica, pH, TDS, alcalinidade total, dureza total, cloreto, nitrato e salinidade eram significativamente mais elevados na água dos dois locais poluídos em comparação com os valores de referência relacionados. Os valores mais elevados de temperatura da água, pH e alcalinidade total foram detectados na água do local 3 e os mais baixos foram detectados no local de referência. Por outro lado, a condutividade eléctrica, o TDS, a dureza, o cloreto, o nitrato e a salinidade apresentaram os valores mais elevados nas amostras do local 2, seguidos dos locais 3 e 1, respetivamente.

A concentração mais elevada dos metais pesados estudados (Fe, Cu, Ni, Pb e Cd) na água e nos sedimentos foi registada nas amostras recolhidas no local 3, com exceção do Cu, que apresentou a sua concentração mais elevada nas amostras de sedimentos do local 2. As concentrações dos metais estudados nas amostras de água e sedimento foram ordenadas como Fe > Cu > Zn > Pb > Cd. Além disso, os resultados obtidos afirmaram que as amostras de água e sedimentos recolhidas no local de referência tinham as concentrações mais baixas de todos os metais estudados. Estas conclusões foram apoiadas pelos valores do fator de contaminação que confirmaram que as amostras de sedimentos recolhidas no local de referência não estavam poluídas com Fe, Cu e Cd, mas estavam moderadamente poluídas com Zn e Pb, enquanto a situação dos outros dois locais estudados variava entre moderada e muito altamente contaminada com os metais estudados. Além disso, os valores do índice de carga de poluição mostraram que as amostras de sedimentos recolhidas no sítio de referência estavam numa situação não contaminada, enquanto as amostras dos sítios 2 e 3 estavam numa situação contaminada com os metais pesados investigados.

As concentrações de Fe, Cu, Zn e Cd no fígado, rim, brânquias, pele e músculo de *P. hasta* e *L. russellii* foram significativamente mais elevadas nas amostras recolhidas nos locais 2 e 3, em comparação com as do local de referência. Entretanto, as concentrações de Pb mostraram um aumento significativo em todos os tecidos estudados de ambas as espécies de peixes recolhidos no local 3, exceto nos tecidos do rim e do músculo de *P. hasta*, que apresentaram as concentrações mais elevadas nas amostras recolhidas no local 2. Por outro lado, os teores mais baixos de Pb foram detectados nas amostras do local 1. As concentrações de Fe, Cu e Zn em todos os tecidos de *P. hasta* foram significativamente mais elevadas do que as de *L. russellii* em todos os locais estudados, exceto no caso do Zn nas amostras de rim e brânquias, que apresentaram uma diferença insignificante. O fígado de ambas as espécies de peixes provou ser o órgão-alvo para o Fe e o Cu, enquanto o rim foi considerado o órgão-alvo para o Zn. Entretanto, os valores mais elevados de Pb e Cd mostraram flutuações entre os tecidos dos rins e das brânquias. As concentrações mais baixas em todos os tecidos estudados foram detectadas no músculo. Os valores calculados do índice de poluição por metais mostraram que a distribuição dos metais pesados estudados ao longo dos sítios estudados estava na seguinte ordem: sítio 3 > sítio 2 > sítio 1.

O rácio entre a dose diária média (ADD) e a dose oral de referência (RfD oral) foi utilizado para determinar o índice de perigo (HI) para cada metal pesado estudado nos tecidos comestíveis dos peixes (músculo e pele) em ambas as taxas de ingestão (consumidores normais e habituais de peixe). Os valores de HI para o consumo de músculo e pele foram inferiores a 1,0 para todos os metais pesados estudados em ambas as taxas de ingestão, com exceção do Pb, que apresentou um valor marginal de 1,03 no caso do consumo subsistente de pele de *P. hasta* recolhido no local 3.

Os índices de crescimento investigados revelaram que o peso do fígado de ambas as espécies de peixes recolhidos no local de referência era significativamente mais elevado do que o das amostras dos outros dois locais poluídos. Além disso, os valores do índice hepatossomático de *P. hasta* recolhidos no local de referência foram significativamente mais elevados do que os dos peixes provenientes dos outros locais poluídos. Além disso, o fator de condição de *L. russellii* recolhido no sítio de referência apresentou valores significativamente mais elevados do que os das amostras recolhidas nos dois sítios poluídos.

O stress oxidativo causado pela presença de metais pesados bioacumulados nos tecidos dos peixes foi expresso pela elevada atividade da GST, bem como pelo elevado nível de MDA no plasma dos peixes poluídos, em comparação com os dos peixes não poluídos. Em contrapartida, a atividade da enzima catalase, no plasma dos peixes poluídos, foi significativamente inferior à dos peixes não poluídos.

As actividades ALT e AST mais baixas no plasma de *P. hasta* e *L. russellii* foram detectadas de forma significativa nos peixes recolhidos no local de referência. Os níveis de ureia no plasma de *P. hasta* recolhido no local de referência foram significativamente inferiores aos dos outros dois locais poluídos. Relativamente aos níveis de creatinina, não se registaram diferenças significativas em ambas as espécies de peixes entre os locais estudados.

Os teores de proteínas totais, albumina e globulina no plasma de ambas as espécies de peixes recolhidos no local de referência foram significativamente mais elevados do que os dos peixes recolhidos nos outros dois locais poluídos.

A anterior acumulação de metais na água, nos sedimentos e nos tecidos dos peixes, bem como os resultados das análises bioquímicas, foram confirmados pelo exame histopatológico, uma vez que se verificaram alterações histopatológicas e danos evidentes nos tecidos das brânquias, do fígado e dos rins de ambas as espécies de peixes recolhidos nos dois locais poluídos.

Referências

Abbas, H.H.; Zaghloul, K.H.; Mousa, M.A. (2002): Efeito de alguns poluentes de metais pesados em algumas alterações bioquímicas e histopatológicas na tilápia azul; *Oreochromis aureus*. Egito. J. Agric. Res., 80(3): 13951411.

Abdel-Moati, M.; Saad, M.; Dowidar, N. (1992): Fluxos de fósforo nas águas do sudeste do Mediterrâneo. Rapp. Comm. int. Mer. Médit., 32: 1-13.

Abdel-Tawwab, M.; Abdel-Rahman A.M.; Ismael, N.E.M. (2008): Avaliação da levedura de panificação comercial viva, *Saccharomyces cerevisiae*, como promotor de crescimento e imunidade para alevinos de tilápia do Nilo, *Oreochromis niloticus* (L.) desafiados *in situ* com *Aeromonas hydrophila*. Aquacult., 280: 185-189.

Able, K.W.; Manderson, J.P.; Studholme, A.L. (1999): Qualidade do habitat para peixes de águas pouco profundas num estuário urbano: o efeito das estruturas artificiais no crescimento. Mar. Ecol., 187: 227-235.

Abo-Hegab, S.; Kandil, A.; Moharram, M. (1990): Estudos sobre os efeitos da exposição da carpa herbívora; *Ctenopharyngodon idella* a vários poluentes ambientais. Alterações nos níveis de hematócrito e hemoglobina no sangue. Proc. Zool. Soc. A.R.E., 17: 237-246.

Abou-Arab, A.A.K.; Ayesh, A.M.; Amra, H.A.; Naguib, K. (1995): Conteúdo de alguns pesticidas e metais pesados em peixes importados (sardinha e cavala) nos mercados egípcios. J. Agric. Sci., Mansoura Univ., 20(11): 4735-4746.

Abu Hilal, A.H. e Ismail, N.S. (2008): Heavy metals in eleven common species of fish from the Gulf of Aqaba, Red Sea. Jordan J. Biol. Sci., 1(1): 13-18.

Adams, S.M.; Giesy, J.P.; Tremblay, L.A.; Eason, C.T. (2001): The use of biomarkers in ecological risk assessment: recommendations from the Christchurch conference on biomarkers in ecotoxicology. Biomarcadores, 6: 1-6.

Aebi, H. (1984): Catalase *in vitro*. Methods Enzymol, 105: 121-126.

Afridi, H.I.; Kazi, T.G.; Kazi, G.H.; Jamali, M.K.; Shar, G.Q. (2006): Distribuição de oligoelementos essenciais e tóxicos no cabelo do couro cabeludo de doentes paquistaneses com enfarte do miocárdio e controlos. Biol. Trace Elem. Res., 113(1): 19-34.

Agah, H.; Leermakers, M.; Elskens, M.; Fatemi, S.M.R.; Baeyens, W. (2009): Acumulação de metais vestigiais nos tecidos musculares e hepáticos de cinco espécies de peixes do Golfo Pérsico. Environ. Monit. Assess., 157(1-4): 499-514.

Agarwal, A.; Singh, R.D.; Mishra, S.K.; Bhunya, P.K. (2005): ANN- based sediment yield river basin models for Vamsadhara (India). Water SA, 31(1): 95-100.

Ahmad, I.; Hamid, T.; Fatima, M.; Chand, H.S.; Jain, S.K.; Athar, M.; Raisuddin, S. (2000): Induction of hepatic antioxidants in freshwater catfish (*Channa punctatus* Bloch) is a biomarker of paper mill effluent exposure. Biochem. Biophys. Ata, 1523: 37-48.

Ahmad, I.; Pacheco, M.; Santos, M.A. (2006): Biomarcadores de stress oxidativo *em Anguilla anguilla* L.: Um estudo *in situ* de um ecossistema húmido de água doce (Pateira de Fermentelos, Portugal). Chemosphere, 65: 952962.

Akbal, F.; Gurel, L.; Bahadir, T.; Guler, I.; Bakan, G.; Buyukgungor, H. (2011): Avaliação da qualidade da água e dos sedimentos na costa média do Mar Negro da Turquia usando técnicas estatísticas multivariadas. Environ. Earth Sci., 64: 1387-1395.

Alabaster, J.S. e Lloyds, R. (1982): Water quality criteria for freshwater fish. Segunda edição, Butterworths publication, Londres, pp. 361.

Al-Attar, A.M. (2004): A influência do óleo de semente de uva na dieta sobre a perturbação das enzimas hepáticas induzida pelo DMBA na rã, *Rana ridibunda*. Pak. J. Nutr., 3(5): 304-309.

Alberto, A.; Camargo, A.F.; Verani, J.R.; Costa, O.F.; Fernandes, M.N. (2005): Variáveis sanitárias e morfologia branquial no peixe tropical, *Astyanax fasciatus* de um rio contaminado por esgoto. Ecotoxicol. Environ. Saf., 61: 247-255.

Ali, M.H. e Abdel-Satar, A.M. (2005): Estudos de alguns metais pesados na água, sedimentos, peixes e dietas de peixes em algumas explorações piscícolas na província de El-Fayoum, Egito. J. Aquat. Res., 31: 261-273.

Alibabic, V.; Vahcic, N.; Bajramovic, M. (2007): Bioacumulação de metais em peixes da família dos salmonídeos e o impacto na qualidade da carne de peixe. Environ. Monit. Assess., 131(1-3): 349-364.

Alkershi, A. e Menon, N.N. (2011): Phytoplankton in polluted waters of the Red Sea coast of

Yemen (Fitoplâncton em águas poluídas da costa do Mar Vermelho do Iémen). J. Mar. Biol. Ass. India, 53(2): 1-6.

Allen, F.M.; Patrick, J.W.; Roger, T.H. (2005): Bioquímica do sangue do peixe-sapo ostra. J. Aquat. Anim. Health, 17(2): 170-176.

Almeida, J.A.; Diniz, Y.S.; Marques, S.F.G.; Faine, L.A.; Ribas, B.O.; Burneiko, R.C.; Novelli, E.L.B. (2002): O uso das respostas ao estresse oxidativo como biomarcadores em tilápias do Nilo (*Oreochromis niloticus*) expostas à contaminação por cádmio *in vivo*. Environ. Int., 27: 673-679.

Almroth, B.C.; Sturve, J.; Berglund, A.; Forlin, L. (2005): Danos oxidativos na enguia (*Zoarces viviparus*), medidos como carbonilos proteicos e TBARS, como biomarcadores. Aquat. Toxicol., 73: 171-180.

Al-Muzaini, S.; Beg, M.; Muslamani, K.; Al-Mutairi, M. (1999): A qualidade da água marinha em torno de um emissário de esgotos. Water Sci. Technol., 40(7): 11-15.

Alne-na-ei, A.A. (1998): Morphometric effects of environmental stressors on the gills of the wild freshwater teleost *Oreochromis niloticus* with particular reference to the physical properties of gill mucus as a possible measure of water contamination. J. Egypt. Ger. Soc. Zool., 26(B): 1-24.

Al-Shwafi, N.A.A. (2002): Níveis de concentração de metais pesados em algumas espécies de peixes no Mar Vermelho e no Golfo de Aden-Yemen. Qatar Univ. Sci. J., 22: 171-176.

Altindag, A. e Yigit, S. (2005): Avaliação das concentrações de metais pesados na rede alimentar do lago Beysehir, Turquia. Chemosphere, 60(4): 552-556.

Al-Weher, S.M. (2008): Levels of heavy metal Cd, Cu and Zn in three fish species collected from the northern Jordan valley, Jordan. Jordan J. Biol. Sci., 1(1): 41-46.

Al-Yousuf, M.H. e El-Shahawi, M.S. (1999): Trace metals in *Lethrinus lentjan* fish from the Arabian Gulf (Ras Al-Khaimah, United Arab Emirates): metal accumulation in kidney and heart tissues. Bull. Environ. Contam. Toxicol., 62(3): 293-300.

Al-Yousuf, M.H.; El-Shahawi, M.S.; Al-Ghais, S.M. (2000): Trace metals in liver, skin and muscle of *Lethrinus lentjan* fish species in relation to body length and sex. Sci. Total Environ., 256: 87-94.

Aly, S.M.; Zaki, M.S.; El-Genaidy, H.M. (2003): Pathological, biochemical, haematological and hormonal changes in catfish (*Clarias gariepinus*) exposed to lead pollution. J. Egypt. Vet. Med. Assoc., 63(1): 331-342.

Al-Zahaby, A.S.; El-Assy, Y.S.; Said-Ahmed, G.A. (1985): Estudos morfológicos e histológicos comparativos dos rins de teleósteos de água doce; *Cyprinus carpio* e teleósteos marinhos; *Morone labrax*. Proc. Zool. Soc. A.R.E., 9: 211-222.

Al-Zahaby, A.S.; Hemmaid, K.Z.; Gamal, A.M.; Ghonemy, O.I. (1998): Os efeitos poluentes do cobre, zinco e chumbo nos padrões histológicos dos rins dos peixes. Egito. J. Aquat. Biol. Fish., 2(3): 15-41.

Amado, L.L.; Robaldo, R.B.; Geracitano, L.; Monserrat, J.M.; Bianchini, A. (2006): Biomarcadores de exposição e efeito na solha brasileira *Paralichthys orbignyanus* (Teleostei: Paralichthyidae) do estuário da Lagoa dos Patos (Sul do Brasil). Mar. Pollut. Bull., 52: 207-213.

Amdur, M.O.; Doull, J.; Klaassen, C.D. (1991): A ciência básica dos venenos, 4th ed. Pergamon press.

Ameur, W.B.; de Lapuente, J.; El Megdiche, Y.; Barhoumi, B.; Trabelsi, S.; Camps, L.; Serret, J.; Ramos-Lopez, D.; Gonzalez-Linares, J.; Driss, M.R.; Borras, M. (2012): Respostas de stress oxidativo, genotoxicidade e biomarcadores histopatológicos em fígado de tainha (*Mugil cephalus*) e robalo (*Dicentrarchus labrax*) da Lagoa de Bizerte (Tunísia). Mar. Pollut. Bull, 64: 241-251.

Anim, A.K.; Ahialey, E.K.; Duodu, G.O.; Ackah, M.; Bentil, N.O. (2011): Perfil de acumulação de metais pesados em amostras de peixes de Nsawam, ao longo do rio Densu, Gana. Res. J. Environ. Earth Sci., 3(1): 56-60.

Anwar, S.M.; El-Shafy, A.A.; El-Serafy, S.S.; Ibrahim, I.I.; Ali, E.A. (2001): Acumulação de elementos vestigiais em peixes do lago Qarun como biomarcador de poluição ambiental. J. Egypt. Ger. Soc. Zool., 36(A): 443-461.

Apel, K. e Hirt, H. (2004): Reactive oxygen species: metabolism, oxidative stress, and signal transduction. Annu. Rev. Plant Biol., 55: 373-399.

APHA (Associação Americana de Saúde Pública) (1998): Standard methods for examination of water and wastewater, American Public Health Association, Nova Iorque.

Arellano, J.M.; Storch, V.; Sarasquete, C. (1999): Alterações histológicas e acumulação de cobre no fígado e nas brânquias do linguado do Senegal, *Solea senegalensis*. Ecotoxicol. Environ. Saf., 44(1): 62-72.

Armstrong, D.T. (1990): Environmental stress and ovarian function. Biol. Reprod., 34: 29-39.

Arnaudova, D.; Arnaudov, A.; Tomova, E. (2008): Índices hematológicos selecionados de peixes de água doce do reservatório de Studen Kladenetsh. Bulgar. J. Agricult. Sci., 14(2): 244-250.

Asagba, S.O.; Eriyamremu, G.E.; Igberaese, M.E. (2008): Bioacumulação de cádmio e seu efeito bioquímico em tecidos selecionados do peixe-gato (*Clarias gariepinus*). Fish Physiol. Biochem., 34(1): 61-69.

Atalar, M.; Kucuksezgin, F.; Duman, M.; Gonul, L.T. (2013): Concentrações de metais pesados em sedimentos superficiais e de núcleo da Baía de Izmir: uma avaliação da contaminação e comparação com referências de qualidade de sedimentos. Bull. Environ. Contam. Toxicol., 91(1): 69-75.

Atli, G.; Alptekin, O.; Tukel, S.; Canli, M. (2006): Resposta da atividade da catalase a Ag^+, Cd^{2+}, Cr^{6+}, Cu^{2+} e Zn^{2+} em cinco tecidos de peixe de água doce, *Oreochromis niloticus*. Comp. Biochem. Physiol., 143(C): 218224.

Atli, G. e Canli, M. (2007): Respostas enzimáticas à exposição a metais num peixe de água doce, *Oreochromis niloticus*. Comp. Biochem. Physiol, 145(C): 282-287.

Atli, G. e Canli, M. (2010): Resposta do sistema antioxidante do peixe de água doce *Oreochromis niloticus* a exposições agudas e crónicas a metais (Cd, Cu, Cr, Zn, Fe). Ecotoxicol. Environ. Saf., 73: 1884-1889.

ATSDR (Agência para o Registo de Substâncias Tóxicas e Doenças) (2004): Toxicological profile for copper (Perfil toxicológico do cobre). Atlanta, Geórgia, Departamento de Saúde e Serviços Humanos dos Estados Unidos, Serviço de Saúde Pública.

ATSDR (Agência para o Registo de Substâncias Tóxicas e Doenças) (2005): Toxicological profile for zinc (Perfil toxicológico do zinco). Atlanta, Geórgia, Departamento de Saúde e Serviços Humanos dos Estados Unidos, Serviço de Saúde Pública.

ATSDR (Agência para o Registo de Substâncias Tóxicas e Doenças) (2007): Toxicological profile for lead (Perfil toxicológico do chumbo). Atlanta, Geórgia, Departamento de Saúde e Serviços Humanos dos Estados Unidos, Serviço de Saúde Pública.

ATSDR (Agência para o Registo de Substâncias Tóxicas e Doenças) (2008): Toxicological profile for cadmium (Perfil toxicológico do cádmio). Atlanta, Geórgia, Departamento de Saúde e Serviços Humanos dos Estados Unidos, Serviço de Saúde Pública.

Authman, M.M.N. e Abbas, H.H.H. (2007): Acumulação e distribuição de cobre e zinco na água e em alguns tecidos vitais de duas espécies de peixes (*Tilapia zillii* e *Mugil cephalus*) do lago Qarun, província de Fayoum, Egito. Pak. J. Biol. Sci., 10(3): 2106-2122.

Authman, M.M.N. e El-Sehamy, M.I.I. (2007): Pesticides residues in water and fish collected from Kafer Al-Zayat pesticides factory zone and their impact on human health. Egito. J. Zool, 48: 257-282.

Authman, M.M.N.; Ibrahim, S.A.; El-Kasheif, M.A.; Gaber, H.S. (2013): Poluição por metais pesados e os seus efeitos nas brânquias e no fígado do peixe-gato do Nilo *Clarias gariepinus* que habita El-Rahawy Drain, Egito. Global Vet., 10(2): 103-115.

Bagnyukova, T.V.; Chahrak, O.I.; Lushchak, V.I. (2006): Resposta coordenada das defesas antioxidantes dos peixes dourados ao stress ambiental. Aquat. Toxicol., 78(4): 325-331.

Balesaria, S. e Hogstrand, C. (2006): Identificação, clonagem e caraterização de um transportador de efluxo de zinco da membrana plasmática, TrZnT- 1, do baiacu fugu (*Takifugu rubripes*). Biochem, 394: 485-493.

Ballesteros, M.L.; Wunderlin, D.A.; Bistoni, M.A. (2009): Respostas ao stress oxidativo em diferentes órgãos de *Jenynsia multidentata* expostos ao endosulfan. Ecotoxicol. Environ. Saf., 72: 199-205.

Barata, C.; Varo, I.; Navarro, J.C.; Arun, S.; Porte, C. (2005): Actividades de enzimas antioxidantes e peroxidação lipídica na água doce, *Cladoceran Daphnia magna* exposto a compostos de ciclo redox. Comp. Biochem. Physiol, 140(C): 175-186.

Barcellos, L.J.G.; Kreutz, L.C.; De Souza, C.; Rodrigues, L.B.; Fioreze, I.; Quevedo, R.M.; Cericato, L.; Soso, A.B.; Fagundes, M.; Conrad, J.; Lacerda, L.A.; Terra, S. (2004):

Alterações hematológicas em jundiás (*Rhamdia quelen*) após estresse agudo e crônico causado pelo manejo aquícola usual, com ênfase nos efeitos imunossupressores. Aquacult., 237: 229-236.

Barton, B.A.; Morgan, J.D.; Vijayan, M.M. (2002): Indicadores fisiológicos e relacionados com a condição de stress ambiental em peixes. In: Biological indicators of aquatic ecosystem stress, Adams, S.M. (ed.), American Fisheries Society, Bethesda, pp. 111-148.

Basha, P.S. e Rani, A.U. (2003): Cadmium-induced antioxidant defense mechanism in freshwater teleost, *Oreochromis mossambicus* (Tilapia). Ecotoxicol. Environ. Saf., 56: 218-221.

Bayoumy, E.M.; Osman, H.A.M.; El-Bana, L.F.; Hassanian, M.A. (2008): Parasitas monogénicos como bioindicadores do estado dos metais pesados em alguns peixes egípcios do Mar Vermelho. Global Vet., 2: 117-122.

Baysoy, E.; Atli, G.; Gürler, C.Ô.; Dogan, Z.; Eroglu, A.; Kocalar, K.; Canli, M. (2012): Os efeitos do aumento da salinidade da água doce na biodisponibilidade de metais (Cr, Pb) e efeitos nos sistemas antioxidantes de *Oreochromis niloticus*. Ecotoxicol. Environ. Saf., 84: 249-253.

Bebianno, M.J.; Company, R.; Serafim, A.; Camus, L.; Cosson, R.P.; Fiala-Medoni, A. (2005): Antioxidant systems and lipid peroxidation in *Bathymodiolus azoricus* from Mid-Atlantic Ridge hydrothermal vent fields. Aquat. Toxicol., 75: 354-373.

Bebianno, M.J.; Geret, F.; Hoarau, P.; Serafim, M.A.; Coelho, M.R.; Gnassia-Barelli, M.; Romeo, M. (2004): Biomarcadores em *Ruditapes decussatus*: Uma potencial espécie bioindicadora. Biomarcadores, 9: 305-330.

Begum, G. (2004): Alterações bioquímicas induzidas pelo inseticida carbofurano nos tecidos do fígado e do músculo do peixe *Clarias batrachus* (Linn) e resposta de recuperação. Aquat. Toxicol, 66: 83-92.

Ben-Khedher, S.; Jebali, J.; Kamel, N.; Banni, M.; Rameh, M.; Jrad, A.; Boussetta, H. (2013): Efeitos bioquímicos em caranguejos (*Carcinus maenas*) e níveis de contaminação na Lagoa de Bizerta: uma abordagem integrada na biomonitorização da poluição do complexo marinho. Environ. Sci. Pollut. Res., 20(4): 2616-2631.

Benson, W.H.; Baer, K.N.; Stackhouse, R.A.; Watson, C.F. (1987): Influência da exposição ao cádmio em parâmetros hematológicos selecionados em teleósteos de água doce, *Notemigonus crysoleucas*. Ecotoxicol. Environ. Saf., 13(1): 92-96.

Bentley, P.J. (1991): Acumulação de cádmio pelo peixe-gato (*Ictalurus punctatus*): influxo de soluções ambientais. Comp. Biochem. Physiol, 99(C): 527-529.

Bentley, P.J. e Grubb, B.R. (1991): Disposição do excesso de zinco no tecido da dieta experimental de hiperzincemia em coelhos. Trace Elem. Med., 8: 202207.

Bernet, D.; Schmidt, H.; Wahli, T.; Burkhardt-Holm, P. (2001): Os efluentes de uma estação de tratamento de águas residuais provocam alterações na química do soro da truta castanha (*Salmo trutta* L.). Ecotoxicol. Environ. Saf., 48: 140-147.

Bervoets, L. e Blust, R. (2003): Concentrações de metais na água, sedimentos e gudgeon (*Gobio gobio*) de um gradiente de poluição: relação com o fator de condição dos peixes. Environ. Pollut., 126(1): 9-19.

Bettinetti, R.; Giarei, C.; Provini, A. (2003): Análise química e bioensaios de toxicidade de sedimentos para avaliar a contaminação do rio Lambro (Norte de Itália). Arch. Environ. Contam. Toxicol., 45: 72-78.

Bhagwant, S. e Elahee, K.B. (2002): Pathologic gill lesions in two edible lagoon fish species, *Mulloidichthys flavolineatus* and *Mugil cephalus*, from the Bay of Poudre d'Or, Mauritius. West. Ind. Ocean J. Mar. Sci., 1(1): 35-42.

Bhatia, N.P.; Sandhu, G.S.; Johal, M.S. (2002): Endosulfan induced changes in blood chemistry of *Heteropneustes fossilis*. Pollut. Res., 21(3): 323-327.

Bhattacharyya, S.; Chaudhuri, P.; Dutta, S.; Santra, S.C. (2010): Avaliação do nível total de mercúrio em peixes recolhidos nas zonas húmidas de Calcutá Oriental e na aquicultura alimentada por esgotos de Titagarh em Bengala Ocidental, Índia. Bull. Environ. Cont. Toxicol., 84(5): 618-622.

Binder, H. e Gawrisch, K. (2001): Efeito das cadeias lipídicas insaturadas nas dimensões, ordem molecular e hidratação das membranas. J. Phys. Chem. B., 105: 12378-12390.

Birungi, Z.; Masola, B.; Zaranyika, M.F.; Naigaga, I.; Marshall, B. (2007): Biomonitorização ativa de metais pesados vestigiais utilizando peixes (*Oreochromis niloticus*) como espécies bioindicadoras. O caso da zona húmida de Nakivubo ao longo do Lago Vitória. Phys. Chem. Terra, 32: 1350-1358.

Blust, R.; Kockelbergh, E.; Baillieul, M. (1992): Efeito da salinidade na absorção de cádmio pela artémia, *Artemia franciscana*. Mar. Ecol. Prog. Ser., 84: 245-254.

Bogiswariy, S.; Jegathambigai, R.; Marimuthu, K. (2008): Efeito da exposição aguda de cloreto de cádmio na morfologia do fígado e dos rins de ratinhos. Actas da Conferência Internacional sobre Investigação e Tecnologia Ambiental (ICERT) 28-30 de maio de 2008, Parkroyal Penang, Malásia. pp. 1036-1042.

Bonga, W. e Lock, R.A.C. (1993): Toxicants and osmoregulation in fish. Neth. J. Zool, 42: 478-493.

Borkovic, S.S.; Pavlovic, S.Z.; Kovacevic, T.B.; Stajn, A.S.; Petrovic, V.M.; Saicic, Z.S. (2008): Actividades das enzimas de defesa antioxidante no hepatopâncreas, brânquias e músculo do lagostim (*Orconectes limosus*) do rio Danúbio. Comp. Biochem. Physiol, 147(C): 122-128.

Boyd, C.E. (1990): Water quality in ponds for aquaculture (Qualidade da água em lagos para aquacultura). Birmingham Publishing Co. Birmingham, Alabama.

Braunbeck, T. (1994): Sublethal and chronic effects of pollutants on freshwater fish. Oxford, Reino Unido: Blackwell.

Brucka-Jastrz^bska, E. e Kawczuga, D. (2011): Antioxidant status and lipid peroxidation in blood of common carp (*Cyprinus carpio* L.). Polish J. Environ. Stud., 20(3): 541-550.

Brusle, J. e Gonzalez, G. (1996): A estrutura e a função do fígado dos peixes. In: Munshi, J.S.D., Dutta, H.M. (Eds.), Fish Morphology. Science Publishers Inc., Índia.

Brustad, M.; Sandanger, T.M.; Nieboer, E.; Lund, E. (2008): 10th anniversary review: when healthy food becomes polluted- implications for public health and dietary advice. Environ. Monit., 10: 422-427.

Bucher, F. e Hofer, R. (1993): Os efeitos do esgoto doméstico tratado em três órgãos (brânquias, rim e fígado) da truta marrom (*Salmo trutta*). Water Res., 27(2): 255-261.

Burger, J.; Gochfeld, M.; Shukla, T.; Jeitner, C.; Burke, S.; Donio, M.; Shukla, S. (2007): Heavy metals in Pacific Cod (*Gadus macrocephalus*) from the Aleutians: Location, age, size, and risk. J. Toxicol. Environ. Health, 70(A): 1897-1911.

Burke, J.S.; Peters, D.S.; Hanson, P.J. (1993): Morphological indices and otolith microstructure of Atlantic croaker, *Micropogonias undalatus,* as indicators of habitat quality along an estuarine pollution gradient. Environ. Biol. Peixes, 36: 25-33.

Burtis, C.A. e Ashwood, E.R. (1996): The fundamentals of clinical chemistry. Saunders, Philadelphia, PA.

Cabrera, F.; Conde, B.; Flores, V. (1992): Heavy metals in the surface sediments of the tidal river Tinto (SW Spain). Fresenius Environ. Bull, 1: 400-405.

Cajaraville, M.P.; Bebbiano, M.J.; Blasco, J.; Porte, C.; Sarasquete, C.; Viarengo, A. (2000): A utilização de biomarcadores para avaliar o impacto da poluição em ambientes costeiros da Península Ibérica: uma abordagem prática. Sci. Total Environ., 247(2-3): 295-311.

Camargo, M.M. e Martinez, C.B. (2007): Histopatologia de brânquias, rim e fígado de um peixe neotropical engaiolado em um córrego urbano. Neotropical Ichthyol., 5(3): 327-336.

Campbell, P.G.C. e Stokes, P.M. (1985): Acidification and toxicity of metals to aquatic biota. Can. J. Fish, Aquat. Sci., 42: 2034-2049.

Cao, L.; Huang, W.; Liu, J.; Yin, X.; Dou, S. (2010): Biomarcadores de acumulação e de stress oxidativo em larvas e juvenis de solha-japonesa sob exposição crónica ao cádmio. Comp. Biochem. Physiol., 151(C): 386-392.

Cao, L.; Huang, W.; Shan, X.; Ye, Z.; Dou, S. (2012): Acumulação específica de tecido de cádmio e seus efeitos nas respostas antioxidantes em juvenis de linguado japonês. Environ. Toxicol. Pharmacol., 33: 16-25.

Caruso, G.; Genovese, L.; Maricchiolo, G.; Modica, A. (2005): Parâmetros hematológicos, bioquímicos e imunológicos como indicadores de stress em *Dicentrarchus labrax* e *Sparus aurata* cultivados em jaulas offshore. Aquacult. Int., 13: 67-73.

Carvalho, C.S. e Fernandes, M.N. (2006): Efeito da temperatura na toxicidade do cobre e nas respostas hematológicas do peixe neotropical, *Prochilodus scrofa*, em pH baixo e alto. Aquacult., 251: 109-117.

Castro-Gonzalez, M.I. e Mendez-Armenta, M. (2008): Metais pesados: Implicações associadas ao consumo de peixe. Environ. Toxicol. Pharmacol., 26: 263-271.

Cazenave, J.; Bacchetta, C.; Parma, M.J.; Scarabotti, P.A.; Wunderlin, D.A. (2009): Respostas de múltiplos biomarcadores em *Prochilodus lineatus* permitiram avaliar mudanças na qualidade da água da bacia do rio Salado (Santa Fé, Argentina). Environ. Pollut., 157: 3025-3033.

Cazenave, J.; Bistoni, M.A.; Pesce, S.F.; Wunderlin, D.A. (2006): Desintoxicação diferencial e resposta antioxidante em diversos órgãos de *Corydoras paleatus* expostos experimentalmente à microcistina-RR. Aquat. Toxicol., 76: 1-12.

Qelik, E. (2004): Valores da química do sangue (electrólitos, lipoproteínas e enzimas) do peixe-escorpião preto (*Scorpaena porcus* Linneaus 1758) nos Dardanelos. Turk. J. Biol. Sci., 4(6): 716-719.

CEPA (Agência de Proteção Ambiental da Califórnia) (2001): Chemicals in fish: Consumo de peixe e marisco na Califórnia e nos Estados Unidos. Relatório final. Secção de Pesticidas e Toxicologia Ambiental. Gabinete de Avaliação dos Riscos para a Saúde Ambiental. Agência de Proteção Ambiental da Califórnia. Oakland, Califórnia. pp. 8.

Cerqueira, C.C. e Fernandes, M.N. (2002): Recuperação do tecido branquial após exposição ao cobre e respostas a parâmetros sanguíneos no peixe tropical *Prochilodus scrofa*. Ecotoxicol. Environ. Saf., 52: 83- 91.

Chamulitrat, W. e Mason, R.P. (1989): Lipid peroxyl radical intermediates in the peroxidation of poly-unsaturated fatty acids by lipoxygenase-direct electron spin resonance investigations. J. Biol. Chem, 264: 20968-20973.

Chandran, R.; Sivakuma, A.A.; Mohandas, S.; Aruchami, M. (2005): Efeito do cádmio e do zinco na atividade das enzimas antioxidantes no gastrópode, *Achatina fulica*. Comp. Biochem. Physiol, 140(C): 422426.

Chatterjee, A.A.K. (1992): Qualidade da água do lago Nandan Kannan. Indian J. environ. Health, 34(4): 329-333.

Chen, C.; Qian, Y.; Chen, Q.; Li, C. (2011): Avaliação da ingestão diária de elementos tóxicos devido ao consumo de vegetais, frutas, carne e marisco pelos habitantes de Xiamen. J. Food, Sci., China, 76(8): 181188.

Cheung, K.C.; Leung, H.M.; Wong, M.H. (2008): Concentrações de metais em peixes comuns de água doce e marinhos do Delta do Rio das Pérolas, Sul da China. Arch. Environ. Conta. Toxicol., 54: 705-715.

Chow, T.E.; Gaines, K.F.; Hodgson, M.E.; Wilson, M.D. (2005): Modelagem de habitat e exposição para avaliação de risco ecológico: um estudo de caso para o guaxinim no sítio do rio Savanah. Ecol. Model., 189: 151-167.

Cirillo, T.; Cocchieri, R.A.; Fasano, E.; Lucisano, A.; Tafuri, S.; Ferrante, M.C.; Carpene', E.; Andreani, G.; Isani, G. (2012): Acumulação de cádmio e respostas antioxidantes em *Sparus aurata* expostos ao cádmio transportado pela água. Arch. Environ. Contam. Toxicol., 62(1):118-126.

Cohrssen, J.J. e Covello, V.T. (1989): Risk analysis: A guide to principles and methods for analyzing health and environmental risks. Washington, DC: Gabinete Executivo do Presidente dos Estados Unidos, Conselho para a Qualidade Ambiental.

Coles, E.H. (1986): Veterinary clinical pathology. W.B. Saunders, Philadelphia, pp. 10-42.

Collén, J.; Pinto, E.; Pedersén, M.; Colepicolo, P. (2003): Indução de stress oxidativo na macroalga vermelha *Gracillaria tenuistipitata* por metais poluentes. Arch. Environ. Contam. Toxicol., 45: 337-342.

Commandeur, J.N.M.; Stijntjes, G.J.; Vermeulen, N.P.E. (1995): Enzimas e sistemas de transporte envolvidos na formação e disposição de glutationa S-conjugados. Papel nos mecanismos de bioactivação e desintoxicação de xenobióticos. Pharmacol. Rev., 47: 271330.

Cossu, C.; Doyotte, A.; Jacquin, M.C.; Babut, M.; Exinger, A.; Vasseur, P. (1997): Glutationa redutase, glutationa peroxidase dependente de selénio, níveis de glutationa e peroxidação lipídica em bivalves de água doce, *Unio tumidus*, como biomarcadores de contaminação aquática em estudos de campo. Ecotoxicol. Environ. Saf., 38: 122-131.

Dabas, A.; Nagpure, N.; Kumar, R.; Kushwaha, B.; Kumar, P.; Lakra, W. (2011): Avaliação do efeito tecido-específico do cádmio no sistema de defesa antioxidante e peroxidação lipídica em murrel de água doce, *Channa punctatus*. Fish. Physiol. Biochem., 38: 469-482.

Damodhar, U. e Reddy, M.V. (2012): Avaliação das concentrações de metais pesados na água e em quatro espécies de peixes do rio Uppanar em cuddalore (Tamil Nadu, INDIA). Cont. J. Environ. Sci., 6(3): 32-41.

Dang, F. e Wang, W. (2009): Avaliação da acumulação específica dos tecidos e dos efeitos do cádmio num peixe marinho alimentado com uma dieta contaminada produzida comercialmente. Aquat. Toxicol., 95: 248-255.

Darr, D. e Fridovich, I. (1986): Inativação irreversível da catalase por 3- amino 1,2,4-triazole. Biochem. Pharmacol, 35: 36-42.

Davison, W. e DeVitre, R. (1982): Partículas de ferro em água doce. In: Environmental particles, Vol.1 environmental analytical and physical chemistry series. Buffle, J. e van Leeuwen, H.P. (Eds.). Lewis, Boca Raton, FL, EUA, pp. 315-355.

De Boeck, G.; Ngo, T.T.H.; Van Campenhout, K.; Blust, R. (2003): Padrões diferenciais de indução de metalotioneína em três peixes de água doce durante a exposição subletal ao cobre. Aquat. Toxicol., 65(4): 413-424.

De Boeck, G.; Vlaeminck, A.; Blust, R. (1997): Effects of sublethal copper exposure on copper accumulation, food consumption, growth, energy stores and nucleic acid content in common carp. Arch. Environ. Contam. Toxicol., 33: 415-422.

De la Tore, F.R.; Salibian, A.; Ferrari, L. (2000): Avaliação de biomarcadores em juvenis *de Cyprinus carpio* expostos ao cádmio em meio aquático. Environ. Pollut., 109: 227-278.

DelValls, T.A. (2003): O derrame de petróleo produzido pelo petroleiro Prestige: avaliação do impacto na costa noroeste da Península Ibérica. Cienc. Mar., 29(1): 1-3.

Demirezen, D. e Uruc, K. (2006): Comparative study of trace elements in certain fish, meat and meat products. Meat Sci., 74(2): 255-260.

de Mora, S.; Fowler, S.W.; Wyse, E.; Azemard, S. (2004): Distribuição de metais pesados em bivalves marinhos, peixes e sedimentos costeiros no Golfo e no Golfo de Omã. Mar. Pollut. Bull, 49: 410-424.

De-Pedro, N.; Delgado, M.J.; Pinillos, M.L.; Alonso-Gomez, A.L.; Alonso-Bedate, M. (1998): Ritmos diários na atividade NAT, cortisol, glicose, glicogénio e catecolaminas na tenca (*Tinca tinca* L.). Polish Arch. Hydrobiol., 45: 321-329.

Depledge, M.H. e Fossi, M.C. (1994): O papel dos biomarcadores na avaliação ambiental (2). Invertebrados. Ecotoxicol., 3(3): 161172.

Deshmukh, V.M. (1973): Fishery and biology of *Pomadasys hasta* (Bloch). Indian J. Fish, 20(1-2): 497-522.

De Smet, H. e Blust, R. (2001): Respostas ao stress e alterações no metabolismo das proteínas na carpa *Cyprinus carpio* durante a exposição ao cádmio. Ecotoxicol. Environ. Saf., 48: 255-262.

Dethloff, G.M.; Schlenk, D.; Khan. S.; Bailey, H.C. (1999): Os efeitos do cobre no sangue e parâmetros bioquímicos da truta arco-íris (*Oncorhynchus mykiss*). Arch. Environ. Contam. Toxicol., 36: 415-423.

Dicks, B. (1987): Pollution. In: key environment: Red Sea. Editado por Edwards, A.J. e Head, S.M., Pergamon Press, Oxford, Inglaterra, pp. 383-404.

Di Giulio, R.T. e Hinton, D.E. (2008): The toxicology of fishes. CRC. Press. Inc. Boca Raton, Florida, pp. 279-293. Boca Raton, Florida, pp. 279-293.

Dimitrova, M.; Tishinova, V.; Velcheva, V. (1994): Efeito combinado do zinco e do chumbo no sistema hepático da superóxido dismutase-catalase na carpa (*Cyprinus carpio*). Comp. Biochem. Physiol, 108: 43-46.

Droge, W. (2002): Radicais livres no controlo fisiológico da função celular. Physiol, 82: 47-95.

Drury, R.A.B.; Wallington, E.A.; Cameron, R. (1967): Carleton's histological technique. 4th Edn., Oxford University Press, Nova Iorque, EUA, pp. 279-280.

Duarte, C.A.; Giarratano, E.; Amin, O.A.; Comoglio, L.I. (2011): Concentrações de metais pesados e biomarcadores de estresse oxidativo em mexilhões nativos (*Mytilus edulis chilensis*) da costa do Canal de Beagle (Tierra del Fuego, Argentina). Mar. Pollut. Bull., 62: 1895-1904.

Dumas, J.F.; Roussel, D.; Simard, G.; Douay, O.; Foussard, F.; Malthiery, Y.; Ritz, P. (2004): A restrição alimentar afecta o metabolismo energético nas mitocôndrias do fígado de rato. Biochim. Biophys. Ata, 1670(2): 126-131.

Dural, M.; Göksu, M.Z.; Özak, A.A. (2007): Investigação dos níveis de metais pesados em espécies de peixes economicamente importantes capturados na lagoa de Tuzla. Food Chem.,

102(1): 415-421.

Dural, M.; Göksu, M.Z.; Özak, A.A.; Derici, B. (2006): Bioacumulação de alguns metais pesados em diferentes tecidos de *Dicentrarchus labrax* L, 1758, *Sparus aurata* L, 1758, e *Mugil cephalus* L, 1758 da Lagoa Camlik da costa oriental do Mediterrâneo (Turquia). Environ. Monit. Assess., 118: 65-74.

Eastwood, S. e Couture, P. (2002): Variações sazonais no estado e nas concentrações de metais no fígado da perca amarela (*Perca flavescens*) de um ambiente contaminado por metais. Aquat. Toxicol., 58: 43-56.

Edsall, C.C. (1999): Um perfil de química do sangue para a truta do lago. J. Aq. Animal Health, 11: 81-86.

Elahee, K.B. e Bhagwant, S. (2007): Hematological and gill histopathological parameters of three tropical fish species from a polluted lagoon on the west coast of Mauritius. Ecotoxicol. Environ. Saf., 68(3): 361-371.

Elewa, A.A. (1993): Distribuição de Mn, Cu, Zn e Cd na água, sedimentos e plantas aquáticas no rio Nilo e no reservatório de Aswan. Egito. J. Appl. Sci., 8(2): 711-723.

Elliott, M.; Griffiths, A.H.; Taylor, C.J.L. (1988): O papel dos estudos de peixes na avaliação da poluição estuarina. J. Fish Biol., 33: 51-61.

El-Naggar, G.O.; Zaghloul, K.H.; Salah El-Deen, M.A.; Abo-Hegab, S. (1998): Estudos sobre o efeito da poluição industrial da água ao longo de diferentes locais do rio Nilo em alguns parâmetros fisiológicos e bioquímicos da tilápia do Nilo, *Oreochromis niloticus*. 4th Vet. Med. Zag. Congresso (26-28 de agosto de 1998, Hurghada), pp. 713-735.

Eriksson, B.K. (2000): Tese de licenciatura (exame de meio-dia de doutoramento): Alterações a longo prazo na vegetação de macroalgas da costa sueca. Departamento de Ecologia Vegetal, Centro de Biologia Evolutiva, Universidade de Uppsala.

Evans, D.H. (1993): The physiology of fishes, segunda ed., CRC Press, FL. CRC Press, FL, Boca Raton, EUA, pp. 592.

Evans, D.H. (2002): Sinalização celular e transporte de iões através do epitélio branquial dos peixes. J. Exp. Zool., 293(3): 336-347.

Everall, N.C.; MacFarlane N.A.A.; Sedgwick, R.W. (1989): As interações da dureza da água e do pH com a toxicidade aguda do zinco para a truta castanha, *Salmo trutta,* L. J. Fish Biol., 35: 27-36.

Fabisiak, J.P.; Sedlov, A.; Kagan, V.E. (2002): Quantificação da modificação oxidativa/nitrosativa de CYS (34) na albumina do soro humano utilizando um ensaio SDS-PAGE baseado em fluorescência. Antioxid. Redox. Signal, 4: 855-865.

Fanta, E.; Rios, F.V.S.; Romão, S.; Vianna, A.C.C.; reiberger, S. (2003): Histopatologia do peixe *Corydoras paleatus* contaminado com níveis subletais de organofosforados na água e nos alimentos. Ecotoxicol. Environ. Saf., 54: 119-130.

FAO (Organização das Nações Unidas para a Alimentação e a Agricultura) (2002): Fishery and aquaculture country profiles. Iémen. Fichas de informação sobre o perfil do país. In: Departamento de Pescas e Aquicultura da FAO [em linha]. Roma. Atualizado a 1 de fevereiro de 2002. [Citado em 7 de maio de 2014]. http://www.fao.org/fishery/facp/YEM/en.

FAO/OMS (Organização das Nações Unidas para a Alimentação e a Agricultura/Organização Mundial de Saúde) (2006): A model for establishing upper levels of intake for nutrients and related substances. Workshop FAO/OMS sobre avaliação do risco dos nutrientes, 2-6 de maio de 2005, sede da OMS, Genebra.

Farkas, A.; Salanki, J.; Specziar, A. (2003): Padrões específicos de idade e tamanho de metais pesados nos órgãos de peixes de água doce *Abramis brama* L. que povoam um local pouco contaminado. Water Res., **37:** 959-964.

Farombi, E.O.; Adelowo, O.A.; Ajimoko, Y.R. (2007): Biomarcadores de stress oxidativo e níveis de metais pesados como indicadores de poluição ambiental no peixe-gato africano (*Clarias gariepinus*) do rio Ogun da Nigéria. Int. J. Environ. Res. Saúde Pública, 4(2): 158-165.

Ferguson, H.W. (1989): Gills and pseudobranchs. In: Ferguson, H.W. (Ed.), Systematic pathology of fish. Lowa State Univ. Press, Ames, pp. 1140.

Fernandes, C.; Fontamhas-Fernandes, A.; Cabral, D.; Salgado, M.A. (2008a): Metais pesados na água, sedimento e tecidos de *Liza saliens* da lagoa de Esmoriz-Paramos, Portugal. Environ. Monit. Assess., 136: 267-275.

Fernandes, C.; Fontamhas-Fernandes, A.; Rocha, E.; Salgado, M.A. (2008b):

Monitorização da poluição na lagoa de Esmoriz-Paramos, Portugal: Efeitos histológicos e bioquímicos hepáticos em *Liza saliens*. Environ. Monit. Assess., 145: 315-322.

Fernandes, M.N. e Mazon, A.F. (2003): Poluição ambiental e morfologia das brânquias de peixes. In: Val, A.L. & B.G. Kapoor (Eds.). Fish adaptations. Enfield, Science Publishers, 203-231.

Ferreira, M.; Moradas-Ferreira, P.; Reis-Henriques, M.A. (2005): Biomarcadores de stress oxidativo em duas espécies residentes, tainha (*Mugil cephalus*) e solha-das-pedras (*Platichthys flesus*), de um local poluído no estuário do rio Douro, Portugal. Aquat. Toxicol., 7: 39-48.

Figueiredo-Fernandes, A.; Ferreira-Cardoso, J.V.; Garcia-Santos, S.; Monteiro, S.M.; Carrola, J.; Matos, P.; Fontainhas-Fernandes, A. (2007): Alterações histopatológicas no fígado e no epitélio branquial da tilápia do Nilo, *Oreochromis niloticus*, exposta ao cobre em meio aquático. Pesq. Vet. Bras., 27(3):103-109.

Figueiredo-Fernandes, A.; Fontamhas-Fernandes, A.; Rocha, E.; Reis-Henriques, M.A. (2006): Efeitos do género e da temperatura na atividade EROD hepática, histologia hepática e gonadal em tilápias do Nilo, *Oreochromis niloticus* expostas ao paraquat. Archiv. Environ. Contam. Toxicol., 51: 626-632.

Fingerman, M.; Jackson, N.C.; Nagabhushanam, R. (1998): Funções reguladas hormonalmente em crustáceos como biomarcadores de poluição ambiental. Comp. Biochem. Physiol, 120(C): 343-350.

Firat, O. e Kargin, F. (2010): Efeitos individuais e combinados de metais pesados na bioquímica sérica da tilápia do Nilo *Oreochromis niloticus*. Arch. Environ. Contam. Toxicol., 58: 151-157.

Folmar, L.C.; Moody, T.; Bonomelli, S.; Gibson, J. (1992): Ciclo anual dos parâmetros químicos do sangue na tainha (*Mugil cephalus* L.) e no peixe-espinho (*Lagodon rhomboids* L.) do Golfo do México. Fish Biol, 41: 999-1011.

Fonseca, V.F.; Franca, S.; Serafim, A.; Company, R.; Lopes, B.; Bebianno, M.J.; Cabral, H.N. (2011): Respostas de múltiplos biomarcadores à contaminação do habitat estuarino em três espécies de peixes: *Dicentrarchus labrax*, *Solea senegalensis* e *Pomatoschistus microps*. Aquat. Toxicol., 102: 216-227.

Forstner, U. e Wittmann, G.T.W. (1983): Metal pollution in the aquatic environment. Springer, Berlim, pp. 30-61.

Foulkes, E.C. e Blanck, S. (1990): Absorção aguda de cádmio pelos rins de coelho: Mecanismo e efeitos. Toxicol. Appl. Pharmacol., 102: 464473.

Gao, X.; Zhou, F.; Chen, C.A. (2014): Estado de poluição do Mar de Bohai: Uma visão geral da avaliação da qualidade ambiental relacionada com metais vestigiais. Environ. Int., 62: 12-30.

Genuis, S.J. (2008): To sea or not to sea: benefits and risks of gestational fish consumption. Reprod. Toxicol., 26: 81-85.

Geoffroy, L.; Frankart, C.; Eullaffroy, P. (2004): Comparação de diferentes respostas de parâmetros fisiológicos em *Lemna minor* e *Scenedesmus obliquus* expostos ao herbicida flumioxazin. Environ. Pollut., 131: 233241.

George-Nascimento, M.; Khan, R.A.; Garcias, F.; Lobos, V.; Muñoz, G.; Valdebenito, V. (2000): Saúde prejudicada em linguados, *Paralichthys* spp. que habitam o Chile costeiro. Bull. Environ. Contam. Toxicol., 64: 184190.

George, S.G. (1994): Enzimologia e biologia molecular das enzimas conjugadoras de xenobióticos de fase II em peixes. In: Malins, D.C., Ostrander, G.K. (Eds.), Aquatic Toxicology; Molecular, Biochemical and Cellular perspectives. Lewis Publishers, CRC. Press, pp. 37-85.

Gerges, M.A. (2002): The Red Sea and Gulf of Aden action plan-Facing the challenges of an Ocean gateway. Ocean Coast. Manage, 45: 885-903.

Gernhofer, M.; Pawet, M.; Schramm, M.; Müller, E.; Triebskorn, R. (2001): Biomarcadores ultra-estruturais como ferramentas para caraterizar o estado de saúde dos peixes em riachos contaminados. J. Aquat. Ecosyst. Stress Recov., 8: 241-260.

Ghazaly, K.S. e Said, K.M. (1995): Caraterísticas fisiológicas da *Tilapia nilotica* sob stress agudo de cobre. J. Egypt. Ger. Soc. Zool., 16(A): 287-301.

Ghrefat, H.A.; Abu-Rukah, Y.; Rosen, M.A. (2011): Aplicação do índice de geoacumulação e do fator de enriquecimento para avaliar a contaminação por metais nos sedimentos da barragem de Kafrain, Jordânia. Environ. Monit. Assess., 178(1-4): 95-109.

Giannini, E.G.; Testa, R.; Savarino, V. (2005): Alteração das enzimas hepáticas: um guia para os clínicos. CMAJ, 172(3): 367-379.

Gibbons, W.N. e Munkittrick, K.R. (1994): A sentinel monitoring framework for identifying fish population responses to industrial discharges. J. Aquat. Ecosyst. Health, 3: 227-237.

Gill, H.S. e Weatherley, A.H. (1984): Protein, lipid and caloric contents of bluntnose minnow; *Pimephales notatus* Rafinesque, during growth at different temperatures. J. Fish Biol., 25: 491-500.

Gilliers, C.; Amara, R.; Bergeron, J.P.; Le Pape O. (2004): Comparação dos índices de crescimento e de condição de juvenis de peixes chatos em diferentes viveiros costeiros. Environ. Biol. Peixes, 71: 189-198.

Gilliers, C.; Le Pape, O.; Desaunay, Y.; Bergeron, J.P. (2006): Growth and condition of juvenile sole (*Solea solea* L.) and indicators of habitat quality in coastal and estuarine nurseries in the Bay of Biscay with a focus on sites exposed to the Erika oil spill. Oceanogr. of the Bay of Biscay, 70: 183-192.

Gill, T.S.; Pant, J.C.; Tewari, H. (1988): Branchial pathogenesis in a freshwater fish, *Puntius conchonius* Ham chronically exposed to sublethal concentrations of cadmium. Ecotoxicol. Environ. Saf., 15: 153-161.

Gindler, E.M. e Westgard, J.O. (1973): Estimation of albumin. Clin. Chem., 19: 647.

Giordano, R.; Arata, P.; Ciaralli, L.; Rinaldi, S.; Giani, M.; Cicero, A.M.; Constantini, S. (1991): Metais pesados em mexilhões e peixes de águas costeiras italianas. Mar. Pollut. Bull., 22: 10-14.

Gluth, G. e Hanke, W. (1985): A comparison of physiological changes in carp; *Cyprinus carpio* induced by several pollutants of sublethal concentrations. I - A dependência do tempo de exposição. Ecotoxicol. Environ. Saf., 9: 179-188.

Gomaa, M.N.E.; Abou-Arab, A.A.K.; Badawy, A.; Naguib, K. (1995): Padrão de distribuição de alguns metais pesados em órgãos de peixes egípcios. Food Chem, 53: 385-389.

Gorrie, J. (2007): Um exame dos impactos da qualidade da água no Lago Manassas. Tese de Mestrado. Universidade Estadual da Virgínia.

Goyer, R.A. (1989): Mecanismos de nefrotoxicidade do chumbo e do cádmio. Toxicol. Lett., 46: 153-162.

Goyer, R.A. (1990): Lead toxicity: From overt to subclinical to subtle health effects. Environ. Health Perspect, 86: 177-181.

Greco, L.; Serrano, R.; Blanes, M.A.; Serrano, E.; Capri, E. (2010): Marcadores de bioacumulação e respostas bioquímicas no robalo europeu (*Dicentrarchus labrax*) criado em diferentes condições ambientais. Ecotoxicol. Environ. Saf., 73: 38-45.

Grosell, M.; McDonalda, M.D.; Wood, C.M.; Walsh, P.G. (2004): Effects of prolonged copper exposure in the marine gulf toadfish (*Opsanus beta*) I. Hydromineral balance and plasma nitrogenous waste products. Aquat. Toxicol., 68(3): 249-262.

Grund, S.; Keiter, S.; Böttcher, M.; Seitz, N.; Wurm, K.; Manz, W.; Hollert, H.; Braunbeck, T. (2010): Avaliação do estado de saúde dos peixes no rio Danúbio Superior através da investigação de alterações ultra-estruturais no fígado do barbo *Barbus barbus* Dis. Aquat. Org., 88: 235-248.

Grune, T.; Jung, T.; Merker, K.; Davies, K. (2004): Decreased proteolysis caused by protein aggregates, inclusion bodies, plaques, lipofuscin, ceroid, and 'aggresomes' during oxidative stress, aging, and disease. Int. J. Biochem. Cell Biol, 36: 2519-2530.

Gul, S.; Belge-Kurutas, E.; Yildiz, E.; Sahan, A.; Doran, F. (2004): Modificações correlacionadas com a poluição dos sistemas antioxidantes do fígado e histopatologia dos peixes (Cyprinidae) que vivem no lago da barragem de Seyhan, Turquia. Environ. Int., 30: 605-609.

Gupta, A.; Rai, D.K.; Pandey, R.S.; Sharma, B. (2009): Análise de alguns metais pesados nas águas fluviais, sedimentos e peixes do rio Ganges em Allahabad. Environ. Monit. Assess., 157: 449-458.

Guven, K.; Ozbay, C.; Unlu, E.; Satar, A. (1999): Toxicidade letal aguda e acumulação de cobre em *Gammarus pulex* (L.) (Amphipoda). Turk. J. Biol., 23: 510-521.

Habig, W.H.; Pabst, M.J.; Jakoby, W.B. (1974): Glutationa S- transferases. O primeiro passo enzimático na formação do ácido mercaptúrico. Biol. Chem., 249: 7130-7139.

Haggag, A.M.; Marie, M-A.S.; Zaghloul, K.H. (1999): Efeitos sazonais dos efluentes industriais no peixe-gato do Nilo; *Clarias gariepinus*. J. Egito. Ger. Soc. Zool., 28(A): 365-391.

Haiyi, W.; Xidan, Z.; Shichun, S. (2010): Variações da atividade das enzimas antioxidantes e do teor de malondialdeído no nemertean, *Cephalothrix hongkongiensis* após exposição a metais pesados. Chinese J. Oceanol. Limnol., 28: 917-923.

Hakanson, L.L. (1980): Um índice de risco ecológico para o controlo da poluição aquática, uma abordagem sedimentológica. Wat. Res., 14(8): 975-1001.

Halliwell, B. e Gutteridge, J.M.C. (1989): Free radicals in biology and medicine, 2nd ed. Clarendon Press, Oxford, 543.

Halliwell, B. e Gutteridge, J.M.C. (1999): Free radicals in biology and medicine, 3rd ed., Oxford University Press, Oxford, UK.

Hamed, Y.A.; Abdelmoneim, T.S.; Elkiki, M.H.; Hassan, M.A.; Berndtsson, R. (2013): Avaliação da poluição por metais pesados e contaminação microbiana na água, sedimentos e peixes do Lago Manzala, Egito. Life Sci., 10(1): 86-99.

Hamilton, S.J. e Mehrle, P.M. (1986): Avaliação da medição da metalotioneína como indicador biológico de stress para o cádmio na truta de ribeira. Trans. Am. Fish. Soc., 116: 551-560.

Handy, R.D. e Penrice, W.S. (1993): The influence of high oral doses of mercuric chloride on organ toxicant concentrations and histopathology in rainbow trout, *Oncorhynchus mykiss*. Comp. Biochem. Physiol, 106(C): 717-724.

Hasheesh, W.S.; Marie, M-A.S.; Zaghloul, K.H.; Taher, E.S. (2012): Estudos ecológicos e biológicos sobre o peixe-gato do Nilo, *Clarias gariepinus* habitando diferentes ecossistemas. J. Egypt. Ger. Soc. Zool., 64(A): 53-78.

Has-Schon, E.; Bogut, I.; Strelec, I. (2006): Perfil de metais pesados em cinco espécies de peixes incluídos na dieta humana, domiciliados no fluxo final do rio Neretva (Croácia). Arch. Environ. Contam. Toxicol., 50(4): 545-551.

Haswell, M.S.; Randall, D.J.; Perry, S.F. (1980): Anidrido carbónico de brânquias de peixe: Regulação ácido-base ou transporte de sal. Am. J. Physiol., 238 (R2): 40-50.

Hasyimah, N.A.K.; Noik, J.V.; Teh, Y.Y.; Lee, C.Y.; Pearline, N.H.C. (2011): Avaliação dos níveis de cádmio (Cd) e chumbo (Pb) em órgãos comerciais de peixes marinhos entre mercados húmidos e supermercados em Klang Valley, Malásia. Inter. Food Res., 18(2): 795-802.

Hayat, S. e Javed, M. (2008): Estudos de regressão da produtividade planctónica e da produção piscícola com referência a parâmetros físico-químicos dos tanques povoados com peixes sujeitos a stress metálico sub-letal. Int. J. Agric. Biol., 10: 561-565.

Heath, A.G. (1987): Water pollution and fish physiology. CRC Press Inc. Boca Raton, Florida, EUA.

Heath, A.G. (1991): Water pollution and fish physiology. CRC Press Inc. Lewis Publishers, Boca Raton, Florida, EUA, pp. 359.

Heath, A.G. (1995): Water pollution and fish physiology. 2nd Edn., Lewis Publishers, Boca Raton. Flórida, EUA, pp. 125-140.

Heba, H.M.; AL-Edresi, M.A.; AL-Saad, H.T.; Abdelmoneim, M.A. (2004): Background levels of heavy metals in dissolved, particulate phases of water and sediment of Al-Hodeidah Red Sea Coast of Yemen. Mar. Sci., 15: 53-71.

Heba, H.M.; Al-Kahali, M.; Al-Edresi, M.A. (2005): Heavy metal contamination in the white muscles of some commercial fish species from Al-Hodeidah - Red Sea coast of Yemen. [Citado; Disponível em: http://ipac.kacst.edu.sa/eDoc/2007/165228_2.pdf.

Heba, H.M. e Al-Mudaffer, N. (2000): Trace metals in fish, mussels, shrimp and sediment from the Red Sea coast of Yemen. Bull. Nat. Inst. Oceanogr. Fish, ARE, 26: 151-165.

Heba, H.M.; Maheub, A.R.S.; Al-Shawafi, N. (2000): Oil pollution in Gulf of Aden/Arabian Sea Coasts of Yemen. Bull. Nat. Inst. Oceanogr. Fish, ARE, 26: 139-150.

Heba, H.M.; Majed, A.A.; Hamid, T.A.; Abdelmoneium, M.A. (2001): Distribuição de elementos vestigiais nos tecidos de cinco espécies de peixes recolhidos na costa do Mar Vermelho do Iémen. Bull. Nat. Inst. Oceanogr. Fish, ARE, 27: 311-322.

Hedge, L.; Knott, A.; Johnston, E. (2009): Bioacumulação de metais relacionados com a dragagem em ostras. Mar. Pollut. Bull, 58: 832-840.

Heidinger, R.C. e Crawford, S.D. (1977): Efeito da temperatura e da taxa de alimentação no índice somático do fígado do robalo; *Micropterus salmoides*. J. Fish. Res. Bd. Can., 34: 633-638.

Henry, R.J. (1964): Clinical Chemistry: Principles and Techniques, Harper & Row. N.Y., pp. 287.

Hicks, B.D. e Geraci, J.R. (1984): A histological assessment of damage in rainbow trout, *Salmo gairdneri* Richardson fed rations containing erythromycin. J. Fish Dis., 7: 457-466.

Hilmy, A.M.; El-Domiaty, N.A.; Daabees, A.Y.; Abdel-latif, H. (1987): Toxicidade em *Tilapia zillii* e *Clarias lazera* (Pisces) induzida por zinco, seasonaly. Comp. Biochem. Physiol, 82(C): 263-265.

Hinton, D.E. e Lauren, D.J. (1990): Integrative histopathological approaches to detecting effects of environmental stressors on fishes. Am. Fish Soc. Symp., 8: 51-66.

Hinton, D.E.; Baumann, P.C.; Gardner, G.; Hawkins, W.E.; Hendricks, J.D.; Murchelano, R.A.; Okihiro, M.S. (1992): Histopathologic biomarkers. In: Huggett, R.J., Kimerli, R.A., Mehrle Jr., P.M., Bergman, H.L. (Eds.), Biomarkers: Biochemical, Physiological and Histological Markers of Anthropogenic Stress (Marcadores bioquímicos, fisiológicos e histológicos do stress antropogénico). Lewis Publishers, Boca Raton, EUA, pp. 155-196.

Hoar, W.S. e Randall, D.J. (1971): Fish physiology. Academic Press Inc., Nova Iorque, Vol. I, pp. 457-476.

Holcombe, G.W.; Benoit, D.A.; Leonard, E.N.; Mckim, J.M. (1976): Efeitos a longo prazo da exposição ao chumbo em três gerações de truta de ribeira (*Salvelinus fontinalis*). J. Fish. Res. Bd. Can., 33: 1731-1741.

Hope, B.K. (2006): An examination of ecological risk assessment and management practices. Environ. Int., 32(8): 983-995.

Hu, G.D.; Wu, W.; Chu, J.H.; Sun, Z.Z.; Chen, J.C. (2002): Poluição da água e sua toxicidade para os peixes nas principais áreas de pesquisa inferior do rio Yangtze. Ata Hydrob. Sinica, 26(6): 635-640.

Hudson, R.J.M. (1998): Que espécies aquosas controlam as taxas de absorção de metais vestigiais pelo biota aquático? Observações e previsões de efeitos de não equilíbrio. Sci. Total Environ., 219: 95-115.

Hued, A.C. e Bistoni, M.A. (2005): Desenvolvimento e validação de um índice biótico para avaliação da qualidade ambiental na região central da Argentina. Hydrobiol, 543: 279-298.

Hughes, G.M.; Perry, S.F.; Brown, V.M. (1979): Um estudo morfométrico dos efeitos do níquel, crómio e cádmio nas lamelas secundárias das brânquias da truta arco-íris. Water Res., 13: 666-679.

Hurrell, R.F.; Reddy, M.B.; Juillerat, M.A.; Cook, J.D. (2003): A degradação do ácido fítico em papas de cereais melhora a absorção de ferro por seres humanos. Am. J. Clin. Nutr., 77: 1213-1219.

IARC (Centro Internacional de Investigação do Cancro) (1993): Cádmio e certos compostos de cádmio. In: IARC monographs on the evaluation of the carcinogenic risk of chemicals to humans. Berílio, cádmio, mercúrio e exposições na indústria de fabrico de vidro. Monografias da IARC, Vol. 58. Lyon, França: Organização Mundial de Saúde. pp. 119-236.

Ibrahim, A.M.; Bahnasawy, M.H.; Mansy, S.E.; El-Fayomy, R.I. (1999): Distribuição de metais pesados no ecossistema do estuário do Nilo Damietta. Egito. J. Aquat. Biol. Fish., 3(4): 369-397.

Ibrahim, M.B.M. e Gaber, H.S. (2003): Alterações histopatológicas no fígado de *Tilapia zillii* induzidas por hidrocarbonetos aromáticos. J. Egypt. Ger. Soc. Zool., 42(C): 145-154.

Idriss, A.A. e Ahmad, A.K. (2012): Concentração de metais pesados selecionados na água do rio Juru, Penang, Malásia. Afr. J. Biotechnol, 11: 8234-8240.

Ings, J.S.; Servos, M.R.; Mathilakath, M.V. (2011): A exposição a efluentes de águas residuais municipais tem impacto no desempenho do stress na truta arco-íris. Aquat. Toxicol., 103(1-2): 85-91.

IPCS (Programa Internacional de Segurança Química) (2004): Exposure assessment and risk assessment terminology. Genebra, Organização Mundial de Saúde. Report of a Joint FAO/WHO Technical Workshop on Nutrient Risk Assessment. Sede da OMS, Genebra, Suíça, 2005. pp. 16-19.

Ishaq E.S.; Sha'Ato, R.; Annune, P.A. (2011): Bioacumulação de metais pesados em órgãos de peixes (*Tilapia zilli* e *Clarias gariepinus*) do rio Benue, centro-norte da Nigéria. Pak. J. Anal. Environ. Chem., 12(1-2): 25-31.

Jackson, T.A. (1998): Mercúrio em ecossistemas aquáticos. Metabolismo de metais em ambientes aquáticos. In: Ecotoxicology series 7. Chapman and Hall, Londres, Reino Unido, pp. 77-138.

Jaffar, J. e Pervaiz, S. (1989): Investigation of multiorgan heavy trace metal content of meat of selected dairy, poultry, fowl and fish species. Pakistan J, Sci. Indust. Res., 32(3): 175-177.

Jagessar, R.C. e Odessa, A. (2011): Determinação das concentrações de aniões nitrato em águas residuais de áreas selecionadas da guyana costeira através de um método espetrofotométrico. Inter. J. Academic Res., 3(1): 433-453.

Jana, S. e Bandyopadhyaya, N. (1987): Effect of heavy metals on some biochemical parameters in the freshwater fish, *Channa punctatus*. Environ. Ecol., 5(3): 488-493.

Javed, M. e Usmani, U. (2012): Absorção de metais pesados por *Channa punctatus* da lagoa de aquicultura alimentada com esgoto de Panethi, Aligarh. Global J. Res. Eng. Chem. Eng., 12(2): 27-34.

Jayakumar, P. e Paul, V.I. (2006): Patterns of cadmium accumulation in selected tissues of the catfish, *Clarias batrachus* (Linn.) exposed to sublethal concentration of cadmium chloride. Vet. Archiv., 76: 167177.

Jayakumar, R.; Steger, K.; Chandra, T.S.; Seshadri, S. (2013): Uma avaliação das variações temporais nas propriedades físico-químicas e microbiológicas de barmouths e lagoas em Chennai (costa sudeste da Índia). Mar. Pollut. Bull., 70: 44-53.

Jayaprakash, M.; Jonathan, M.P.; Srinivasalu, S.; Muthu, R.S.; Ram-Mohan, V.; Rajeshwara, R.N. (2008): Acid-leachable trace metals in sediments from an industrialized region (Ennore Creek) of Chennai City, SE coast of India: an approach towards regular monitoring. Estuar. Coast Shelf Sci., 76: 692-703.

Jayaraju, N.; Sundara, R.B.C.; Reddy, K.R. (2009): Poluição por metais em sedimentos grosseiros da costa de Tuticorin, costa sudeste da Índia. Environ. Geol., 56: 1205-1209.

Jebali, J.; Sabbagh, M.; Banni, M.; Kamel, N.; Ben-Khedher, S.; M'hamdi, N.; Boussetta, H. (2013): Biomarcadores múltiplos de efeitos de poluição em peixes *Solea solea* na costa da Tunísia. Environ. Sci. Pollut. Res. Int., 20(6): 3812-3821.

Jezierska, B. e Witeska, M. (2006): A absorção e acumulação de metais em peixes que vivem em águas poluídas. Soil Wat. Pollut. Monit. Protect. Remed., 3-23.

Jia-Zhong, Z.; Fischer, C.J.; Ortner, P.B. (1997): Determinação de nitrato e nitrito em águas estuarinas e costeiras por análise colorimétrica de fluxo contínuo segmentado a gás. U.S. Environmental Protection Agency, Washington, DC, EPA-600-R-97-072, pp. 20.

Jiraungkoorskul, W.; Sahaphong, S.; Kangwanrangsan, N. (2007): Toxicidade do cobre no peixe-manteiga (*Poronotus triacanthus*): acumulação de tecidos e alterações ultra-estruturais. Environ. Toxicol., 22: 92100.

Jiraungkoorskul, W.; Sahaphong, S.; kangwanrangsan, N.; Kim, M. (2006): Estudo histopatológico: o efeito do ácido ascórbico na exposição ao cádmio em peixes (*Puntius altus*). J. Fish. Aquat. Sci., 1(2): 191-199.

Joshi, P. e Bose, M. (2002): Toxicidade do cádmio: A comparative study in the air breathing fish, *Clarias batrachus* and in non-air breathing one, *Ctenopharyngodon idellus*. Int. Congr. Fish Biol, 109-118.

Kalay, M.; Ay, O.; Canli, M. (1999): Concentrações de metais pesados em tecidos de peixes do nordeste do Mar Mediterrâneo. Bull. Environ. Contam. Toxicol., 63: 673-681.

Kamaruzzaman, B.Y.; Waznah, A.S.; Nurulnadia, M.Y. (2011): Caraterísticas físico-químicas e metais vestigiais dissolvidos no estuário do rio Pahang, Malásia. Orient. J. Chem., 27: 397-404.

Kannan, S.K. e Krishnamoorthy, R. (2006): Isolamento de bactérias resistentes ao mercúrio e influência de factores abióticos na biodisponibilidade do mercúrio - um estudo de caso no Lago Pulicat a norte de Chennai, Sudeste da Índia. Sci. Total Environ., 367: 341-353.

Kantham, K.P. e Richards, R.H. (1995): Effect of buffers on the gill structure of Common Carps, *Cyprinus carpio* and rainbow trout, *Oncorhynchus mykiss*. J. Fish. Dis., 18: 411-423.

Kaoud, H.A. e El-Dahshan, A.R. (2010): Bioacumulação e alterações histopatológicas dos metais pesados no peixe *Oreochromis niloticus*. Nat. Sci., 8(4): 147-156.

Kaplan, L.A. e Pesce, A.J. (1996): Química clínica. Teoria, análise e correlação (3rd Ed.). Mosby-Year book, Inc., Missouri, pp. 609610.

Karmen, A.; Wroblewski, F.; LaDue, J.S. (1955): Estimativa da aspartato aminotransferase. J. Clin. Invest., 34: 126.

Kavitha, C.; Malarvizhi, A.; Kumaran, S.S.; Ramesh, M. (2010): Efeitos toxicológicos da exposição ao arseniato na atividade hematológica, bioquímica e das transaminases hepáticas numa carpa indiana maior, *Catla catla*. Food Chem. Toxicol., 48(10): 2848-2854.

Kehrer, J. (1993): Free radicals as mediators of tissue injury and disease. Crit. Rev. Toxicol., 23: 21-48.

Keller, K.A. (2001): Toxicology testing handbook. Marcel Dekker, Nova Iorque, NY.

Kendrick, M.H.; Moy, M.T.; Plishka, M.J.; Robinson, K.D. (1992): Metais e sistemas biológicos. Ellis Horwood Ltd., Inglaterra.

Kennedy, V.S.; Twilley, R.R.; Kleypas, J.A.; Cowan, J.H.; Hare, S.R. (2002): Coastal and marine ecosystems and global climate change: potential effects on U.S. resources. Arlington (VA): Pew Center on Global Climate Change. 51p.

Khalil, M.T. e Hussein, H.A. (1996): Reciclagem e reutilização de águas residuais para piscicultura: Um estudo experimental de campo na estação de tratamento de águas residuais, Egito. J. Egypt. Ger. Soc. Zool., 19(B): 59-79.

Khallaf, E.; Galal, M.; Authman, M. (2003): A biologia de *Oreochromis niloticus* num canal poluído. Ecotoxicol, 12: 405-416.

Khessiba, A.; Hoarau, P.; Gnassia, B.; Aissa, P.; Romeo, M. (2001): Biochemical response of the mussel, *Mytilus galloprovincialis* from Bizerta (Tunisia) to chemical pollutant exposure (Resposta bioquímica do mexilhão *Mytilus galloprovincialis* de Bizerta (Tunísia) à exposição a poluentes químicos). Arch. Environ. Contam. Toxicol., 40: 222-229.

Kim, K.T.; Kim, E.S.; Cho, S.R.; Park, J.K.; Ra, K.T.; Lee, J.M. (2010): Distribuição de metais pesados nas amostras ambientais da zona costeira de Saemangeum, Coreia. Coastal Environmental and Ecosystem Issues of the East China Sea, pp. 71-90.

Kiron, V.; Puangkaew, J.; Ishizaka, K.; Satoh, S.; Watanabe, T. (2004): Antioxidant status and nonspecific immune responses in rainbow trout (*Oncorhynchus mykiss*) fed two levels of vitamin E along with three lipid sources. Aquacult., 234: 361-379.

Koca, Y.B.M.; Koca, S.; Yildiz, S.; Gurcu, B.; Osanc, E.; Tuncbas, O.; Aksoy, G. (2005): Investigação dos efeitos histopatológicos e citogenéticos em *Lepomis gibbosus* (Pisces: Perciformes) no Cine Stream (Aydin/Turquia) com determinação da poluição da água. Environ. Toxicol., 20(6): 560-571.

Kock, G.; Triendl, M.; Hofer, R. (1996): Padrões sazonais de acumulação de metais no salvelino ártico (*Salvelinus alpinus*) de um lago alpino oligotrófico relacionados com a temperatura. Can. J. Fish. Aquat. Sci., 53: 780786.

Kojadinovic, J.; Potier, M.; Corre, M.L.; Cosson, R.P.; Bustamante, P. (2007): Bioacumulação de elementos vestigiais em peixes pelágicos do Oceano Índico Ocidental. Environ. Pollut., 146(2): 548-566.

Kolayli, S. e Keha, E. (1999): A comparative study of antioxidant enzyme activities in freshwater and seawater-adapted rainbow trout. Biochem. Molec. Toxicol., 13: 334-337.

Kono, Y. e Fridovich, I. (1982): O radical superóxido inibe a catalase. J. Biol. Chem., 257: 5751-5764.

Kumar, B.; Senthil Kumar, K.; Priya, M.; Mukhopadhyay, D.P.; Shah, R. (2010a): Distribuição, partição, bioacumulação de elementos vestigiais na água, sedimentos e peixes de tanques de peixes alimentados com esgotos no leste de Calcutá, Índia. Toxicol. Environ. Chem., 92(2): 243-260.

Kumar, P.; Kumar, S.; Agarwal, A. (2010b): Impacto dos efluentes industriais na qualidade da água do rio Behgul em Bareilly. Avanços em Biores., 1(2): 127-130.

Kurtovic, B.; Teskeredzic, E.; Teskeredzic, Z. (2008): Comparação histológica do tecido do baço e do rim de robalo europeu (*Dicentrarchus labrax* L.) cultivado e selvagem. Ata Adriat., 49: 147154.

Laar, C.; Fianko, J.R.; Akiti, T.T.; Osae, S.; Brimah, A.K. (2011): Determinação de metais pesados na tilápia blackchin da lagoa Sakumo, Gana. Res. J. Environ. Earth Sci., 3(1): 8-13.

Laflamme, J.-S.; Couillard, Y.; Campbell, P.G.C.; Hontela, A. (2000): Secreção inter-renal de metalotioneína e cortisol em relação à exposição a Cd, Cu e Zn na perca amarela, *Perca flavescens*, dos lagos Abitibi. Can. J. Fish. Aquat. Sci., 57: 1692-1700.

Lam, P.K.S. (2009): Utilização de biomarcadores na monitorização ambiental. Ocean and Coastal Manage, 52(7): 348-354.

Laraque, D. e Trasande, L. (2005): Envenenamento por chumbo: sucessos e desafios do século 21st . Pediatr. Rev., 26: 435-443.

Lauren, D.J.; Wishkovsky, A.; Grof, J.M.; Hedrick, R.P.; Hinton, D.E. (1989): Toxicidade e farmacocinética do antibiótico Fumagilin na truta arco-íris (*Salmo gairdneri*). Toxicol. Appl. Pharm., 98: 444-453.

Lavanya, S.; Ramesh, M.; Kavitha, C.; Malarvizhi, A. (2011): Respostas hematológicas, bioquímicas e ionorreguladoras da carpa indiana maior, *Catla catla*, durante a exposição crónica subletal ao arsénio inorgânico. Chemosphere, 82: 977-985.

Lawson, E.O. (2011): Parâmetros físico-químicos e conteúdo de metais pesados da água dos mangais da lagoa de Lagos, Lagos, Nigéria. Advanc. Biol. Res., 5(1): 8-21.

Levesque, H.M.; Moon, T.W.; Campbell, P.G.C.; Hontela, A. (2002): Variação sazonal no metabolismo de hidratos de carbono e lípidos da perca amarela (*Perca flavescens*) cronicamente exposta a metais no campo. Aquat. Toxicol., 60: 257-267.

Li, J.; Lu, Y.L.; Wang, G.; Jiao, W.T.; Chen, C.L.; Wang, T.Y.; Luo, W.; Giesy, J.P. (2010): Avaliação e difusão espacial do risco para a saúde de poluentes orgânicos persistentes (POPs) em solos que circundam parques industriais químicos na China. Hum. Ecol. Risk. Assess., 16: 989-1006.

Liang, Y.; Cheung, R.Y.H.; Wong, M.H. (1999): Recuperação de águas residuais para policultura de peixes de água doce: bioacumulação de metais vestigiais em peixes. Water Res., 33(11): 2690-2700.

Lichtenfels, A.J.F.C.; Lorenzi-Filho, G.; Guimaraes, E.T.; Macchione, M.; Saldiva, P.H.N. (1996): Efeitos da poluição da água sobre o aparelho branquial de peixes. J. Comp. Path., 115: 47-60.

Lim, W.Y.; Aris, A.Z.; Praveena, S.M. (2012): Aplicação da abordagem quimiométrica para avaliar a variação espacial da química da água e a identificação das fontes de poluição no rio Langat, Malásia. Arab. J. Geosci., 6(12): 4891-4901.

Lin, C.T.; Lee, T.L.; Duan, K.J.; Su, J.C. (2001): Purificação e caraterização da superóxido dismutase Cu/Zn do músculo do porquinho-preto. Zool. Stud., 40(2): 84-90.

Lin, M. (2009): Avaliação do risco da toxicidade mista da ingestão de arsénico, zinco e cobre a partir do consumo de peixe-lácteo, *Chanos chanos* (Forsskal), cultivado com águas subterrâneas contaminadas no sudoeste de Taiwan. Bull. Environ. Contam. Toxicol., 83: 125-129.

Linde-Arias, A.R.; Inacio, A.F.; Novo, L.A.; Alburquerque, C.; Moreira, J.C. (2008): Abordagem multibiomarcadores em peixes para avaliar o impacto da poluição em um grande rio brasileiro, o Paraíba do Sul. Environ. Pollut., 156: 974-979.

Lindesjoo, E. e Thulin, J. (1994): Histopatologia da pele e brânquias dos peixes em efluentes de fábricas de celulose. Dis. Aquat. Org., 18(2): 81-93.

Lindstrom-Seppa, P.; Roy, S.; Huuskonen, S.; Tossavainen, K.; Ritola, O.; Marin, E. (1996): Biotransformação e homeostase da glutationa na truta arco-íris exposta a stress químico e físico. Mar. Environ. Res., 42: 323-327.

Liu, X.; Luo, Z.; Li, C.; Xiong, B.; Zhao, Y.; Li, X. (2011): Respostas antioxidantes, metabolismo intermediário hepático, histologia e ultra-estrutura em *Synechogobius hasta* expostos ao cádmio à base de água. Ecotoxicol. Environ. Saf., 74: 1156-1163.

Livingstone, D.R. (2001): Contaminant-stimulated reactive oxygen species production and oxidative damage in aquatic organisms (Produção de espécies reactivas de oxigénio estimuladas por contaminantes e danos oxidativos em organismos aquáticos). Mar. Pollut. Bull, 42: 656-666.

Livingstone, D.R. (2003): Stress oxidativo em organismos aquáticos em relação à poluição e à agricultura. Rev. Med. Vet., 154: 427-430.

Llorel, J. e Planes, S. (2003): Condição, alimentação e potencial reprodutivo do goraz (*Diplodus sargus*) como indicadores da qualidade do habitat e do efeito da proteção de reservas no noroeste do Mediterrâneo. Mar. Ecol. Prog. Ser., 248: 197-208.

Lockhart, W.L. e Metner, D.A. (1984): Fish serum chemistry as a pathology tool. Fisheries, 16: 73-86.

Loeffelman, P.H.; Van Hassel, J.H.; Arnold, T.E.; Hendricks, J.C. (1986): A new approach for regulating iron in water quality standards. In: Aquatic toxicology and hazard assessment. 8th Symposium. Bahner, R.C. (ed.). STP 891-EB. American Society for Testing and Materials, Filadélfia, PA, pp. 137-152.

Looi, J.L.; Aris, Z.A.; Johari, W.W.; Yusoff, F.M.; Hashim, Z. (2013): Perfil de poluição de metais de linha de base de estuários tropicais e águas costeiras do Estreito de Malaca. Mar. Pollut. Bull., 74: 471-476.

Lorentz, K.; Rohle, G.; Siekmann, L. (1995): DG Klinische Chemie Mitteilungen, 26: 190.

Luckey, T.D. e Venugopal, B. (1977): pT, um novo sistema de classificação para compostos tóxicos. J. Toxicol. Environ. Health, 2: 633-638.

Lushchak, V.I. (2011): Stress oxidativo induzido pelo ambiente em animais aquáticos. Aquat. Toxicol., 101: 13-30.

Luskova, V. (1997): Ciclos anuais e valores normais dos parâmetros hematológicos em peixes. Ata. Sc. Nat. Brno., 31(5): 70-78.

Maceda-Veiga, A.; Monroy, M.; De Sostoa, A. (2012): Bioacumulação de metais no barbilhão do Mediterrâneo (*Barbus meridionalis*) num rio mediterrânico que recebe efluentes de estações de tratamento de águas residuais urbanas e industriais. Ecotoxicol. Environ. Saf., 76: 93-101.

Maceda-Veiga, A.; Monroy, M.; Viscor, G.; De Sostoa, A. (2010): Alterações em biomarcadores não específicos no barbo mediterrânico (*Barbus meridionalis*) exposto a efluentes de esgotos num riacho mediterrânico (Catalunha, NE de Espanha). Aquat. Toxicol., 100: 229-237.

Maggioni, T.; Hued, A.C.; Monferrán, M.V.; Bonansea, R.I.; Galanti, L.N.; Amé, M.V. (2012): Bioindicadores e biomarcadores de poluição ambiental na bacia média-baixa do rio Suquía (Córdoba, Argentina). Arq. Environ. Contam. Toxicol., 63: 337-353.

Maillard, C. e Soliman, G. (1986): Hydrography of the Red Sea and exchanges with the Indian Ocean in summer (Hidrografia do Mar Vermelho e trocas com o Oceano Índico no verão). Oceanol. Ata, 9: 249269.

Maita, M.; Shiomitso, K.; Ikeda, Y. (1984): Avaliação da saúde através do climograma de constituintes hemoquímicos em cauda amarela cultivada. Bull. Jap. Soc. Sci., 51: 205-211.

Maiti, A.K.; Saha, N.K.; Paul, G. (2010): Efeito do chumbo no stress oxidativo, na atividade da Na+K+ATPase e na atividade da cadeia de transporte de electrões mitocondrial do cérebro de *Clarias batrachus* L. Bull. Environ. Contam. Toxicol., 84: 672-676.

Malik, N.; Biswas, A.K.; Qureshi, T.A.; Borana, K.; Virha, R. (2010): Bioacumulação de metais pesados em tecidos de peixes de um lago de água doce de Bhopal. Environ. Monit. Assess., 160: 267-276.

Mallatt, J. (1985): Fish gill structural changes induced by toxicants and other irritants: A statistical review. Can. J. Fish. Aquat. Sci., 42(4): 630-648.

Manahan, S.E. (1991): Water pollution, Environment chemistry. 1st ed. Lewis Publishers, Londres.

Mansour, S.A. e Sidky, M.M. (2002): Estudos ecotoxicológicos. 3. Metais pesados que contaminam a água e o peixe da província de Fayoum, Egito. Food Chem, 78: 15-22.

Mansouri, B. e Baramaki, R. (2011): Influência da dureza da água e do pH na toxicidade aguda do Hg no peixe de água doce *Capoeta fusca.* World J. Fish Mar. Sci., 3(2): 132-136.

Marie, M-A.S.; Mohamed, H.A.; El-Badawy, A.A. (1998): Physiological and biochemical responses of common *carp, Cyprinus carpio* to an organophosphorous insecticide Profenofos. Egito. J. Zool, 31: 279302.

Marie, M-A.S.; Morsy, G.M.; Saleh, Y.S. (2012): Avaliação da poluição por metais pesados na água e nos sedimentos e o seu efeito no peixe-gato marinho, *Arius thalassinus* como indicador em Hodeida, República do Iémen, (1) Acumulação de metais pesados em alguns órgãos vitais do peixe-gato marinho, *Arius thalassinus* em Hodeida, República do Iémen. Egito. J. Appl. Sci., 27(5): 21-64.

Martínez-Álvarez, R.M.; Hidalgo, M.C.; Domezain, A.; Morales, A.E.; García-Gallego, M.; Sanz, A. (2002): Alterações fisiológicas do esturjão *Acipenser naccarii* causadas pelo aumento da salinidade ambiental. Exp. Biol., 205: 3699-3706.

Maruthanayagam, C. e Sharmila, G. (2004): Haematobiochemical variations induced by the pesticide, monocrotophos in *Cyprinus carpio* during the exposure and recovery periods. Nat. Environ. Pollut. Tech., 3(4): 491-494.

Marzouk, M.S.; Zaghloul, K.H.; Hanna, M.I.; Mahrous, K.F. (2005): Os sinais clínicos, o estado histopatológico e fisiológico associados à exposição aguda e crónica ao Benzo-a-Pireno no peixe cultivado *Oreochromis niloticus.* J. Egypt. Ger. Soc. Zool., 47: 283312.

Mason, A.Z. e Jenkins, K.D. (1995): Metal detoxification in aquatic organisms. metal speciation and bioavailability in aquatic systems. In: IUPAC Series on Analytic and Physical Chemistry of Environmental Systems, vol. 3. John Wiley and Sons, Chichester, Inglaterra, pp. 479607.

Masoud, M.S.; El-Samra, M.I.; El-Sadawy, M.M. (2007): Distribuição de metais pesados e avaliação de riscos em sedimentos e peixes da Baía de El-Mex, Alexandria, Egito. Chem. Ecol., 23(3): 201-216.

Mayer, F.L.; Versteeg, D.J.; McKee, M.J.; Folmar, L.C.; Graney, R.L.; McCume, D.C.; Rattner, B.A. (1992): Produtos metabólicos como biomarcadores. In: Biomarkers: Biochemical, physiological and histological markers of anthropogenic stress. Huggett, R.J.; Kimerly, R.A.; Mehrle, P.M. e Bergman, H.L. (Eds). Lewis Publishers, Chelsea, MI, p. 5-86.

Mazeoud, M.M.; Mazeoud, F.; Donaldson, E.M. (1977): Efeito primário e secundário do stress em peixes: Alguns dados novos com uma revisão geral. Trans. Am. Fish. Soc., 106: 201-212.

Mazon, A.F.; Nolan, D.T.; Lock, R.A.C.; Wendelaar Bonga, S.E.; Fernandes, M.N. (2007): Células epiteliais operculares: uma abordagem simples para estudos *in vitro* de respostas celulares em peixes. Toxicol., 230: 53-63.

Mazon, A.F.; Pinheiro, G.H.D.; Fernandes, M.N. (2002): Alterações hematológicas e fisiológicas induzidas pela exposição de curto prazo ao cobre no peixe de água doce, *Prochilodus scrofa*. Braz. Biol., 62(4A): 621-631.

McDonald, M.D. e Grosell, M. (2006): Mantendo o equilíbrio osmótico com um rim aglomerular. Comp. Biochem. Physiol, 143(C): 447458.

McFarland, V.A.; Inouye, L.S.; Lutz, C.H.; Jarvis, A.S.; Clarke, J.U.; McCant, D.D. (1999): Biomarcadores de stress oxidativo e genotoxicidade nos fígados de *Ameiurus nebulosus*. Arch. Environ. Contam. Toxicol., 37: 236-241.

McGlashan, D.J. e Hughes, J.M. (2001): Genetic evidence for historical continuity between populations of the Australian freshwater fish *Craterocephalus stercusmuscarum* (Atherinidae) east and west of the Great Dividing Range. Fish Biol, 59: 55-67.

Meij, R. e Winkel, H. (2007): The emissions of heavy metals and persistent organic pollutants from modern coal-fired power stations. Atmos. Environ., 41: 9262-9272.

Mela, M.; Randi, M.A.F.; Ventura, D.F.; Carvalho, C.E.V.; Pelletier, E.; Oliveira Ribeiro, C.A. (2007): Efeitos do metilmercúrio dietético na histologia hepática e renal do peixe neotropical *Hoplias malabaricus*. Ecotoxicol. Environ. Saf., 68: 426-435.

Mendil, D.; Ünal, Ö.F.; Tüzen, M.; Soylak, M. (2010): Determinação de metais vestigiais em diferentes espécies de peixes e sedimentos do rio Yeşilirmak em Tokat, Turquia. Food Chem. Toxicol., 48: 1383-1392.

Messaoudi, I.; Barhoumi, S.; Sa'id, K.; Kerken, A. (2009): Estudo sobre a sensibilidade ao cádmio do peixe marinho, *Salaria basilisca* (Pisces: Blennidae). Environ. Sci., 21(11): 1620-1624.

Mieiro, C.L.; Pacheco, M.; Pereira, M.E.; Duarte, A.C. (2011): Organotropismo de mercúrio em robalo europeu selvagem (*Dicentrarchus labrax*). Arq. Environ. Contam. Toxicol., 61: 135-143.

Mohamed, F.A. (2008): Bioacumulação de metais selecionados e alterações histopatológicas nos tecidos de *Oreochromis niloticus* e *Lates niloticus* do Lago Nasser, Egito. Global Vet., 2(4): 205-218.

Mohamed, F.A. (2009): Estudos histopatológicos em *Tilapia zillii* e *Solea vulgaris* do Lago Qarun, Egito. World J. Fish Mar. Sci., 1(1): 29-39.

Moiseenko, T.I. e Kudryavtseva, L.P. (2001): Trace metal accumulation and fish pathologies in areas affected by mining and metallurgical enterprises in the Kola Region. Russian Environ. Pollut., 114: 285-297.

Mol, S.; Ozden, O.; Ahmet Oymak, S. (2010): Conteúdo de metais vestigiais em espécies de peixes do lago da barragem de Ataturk (Eufrates, Turquia). Turkish J. Fish. Aquat. Sci., 10: 209-213.

Mondal, N.K.; Datta, J.K.; Banerjee, A. (2011): Pond alkalinity: Um estudo em Burdwan, Bengala Ocidental, Índia. Int. J. Environ. Sci., 1(7): 1718-1724.

Monferran, M.V.; Pesce, S.F.; Cazenave, J.; Wunderlin, D.A. (2008): Desintoxicação e respostas antioxidantes em diversos órgãos de *Jenynsia multidentata* experimentalmente expostos a 1,2- e 1,4-diclorobenzeno. Environ. Toxicol., 23: 184-192.

Morales, A.E.; Perez-Jimenez, A.; Hidalgo, M.C.; Abellan, E.; Cardenete, G. (2004): Stress oxidativo e defesas antioxidantes após fome prolongada no fígado de *Dentex dentex*. Comp. Biochem. Physiol., 139(C): 153-161.

Morcos, S.A. e Varely, D. (1990): Oceanografia física e química do Mar Vermelho. Oceanogr. Mar. Biol. Rev., 8: 73-202.

Morris, A.W.; Allen, J.I.; Howland, R.J.M.; Wood, R.G. (1995): The estuary plume zone: source or sink for land-derived nutrient discharges? Estuarine, Coastal and Shelf Science, 40: 387-402.

Moyo, N.A.G. (2013): Uma análise da qualidade química e microbiológica da água subterrânea de furos e poços rasos no Zimbabué. Phys. Chem. Terra, 66: 27-32.

Munshi, J.S.D. e Hughes, G.M. (1991): Estrutura das ilhotas respiratórias dos órgãos respiratórios acessórios e sua relação com as brânquias no poleiro trepador, *Anabas testudineus* (Teleostei, Perciformes). Morph., 209: 241-256.

Murtala, B.A.; Abdul, W.O.; Akinyemi, A.A. (2012): Bioacumulação de metais pesados em órgãos de peixes (*Hydrocynus forskahlii, hyperopisus bebe occidentalis* e *Clarias gariepinus*) em águas costeiras de Ogun a jusante, Nigéria. J. Agri. Sci., 4(11): 51-59.

Murty, A.S. (1986): Toxicidade dos pesticidas para os peixes. Vol. II. Boca Raton FL: CRC Press.

Mushak, P. e Crocetti, A.F. (1996): Lead and nutrition. I. Interações biológicas do chumbo com nutrientes. Nutr. Today, 31: 12-17.

Myers, M.S.; Rhodes, L.D.; McCain, B.B. (1987): Pathologic anatomy and patterns of occurrence of hepatic neoplasms, putative preneoplastic lesions and other idiopathic hepatic conditions in English sole (*Parophrys vetulus*) from Puget Sound. Washington, EUA. J. Nat. Cancer Inst., 78(2): 333-363.

Nadia, B.E.B.; Anwar, A.E.; Alaa, R.M.; Bandr, A.A. (2009): Registos de poluição por metais em sedimentos nucleares de algumas zonas costeiras do Mar Vermelho, Reino da Arábia Saudita. Environ. Monit. Assess., 155: 509-526.

Nasci, C.; Nesto, N.; Monteduro, R.A.; Da Ros, L. (2002): Aplicação no terreno de marcadores bioquímicos e de um índice fisiológico no mexilhão *Mytilus galloprovincialis*: transplante e estudos de biomonitorização na lagoa de Veneza (NE Itália). Mar. Environ. Res., 54: 811-816.

Nasr, S.M.; Okbah, M.A.; Kasem, S.M. (2006): Avaliação ambiental da poluição por metais pesados nos sedimentos de fundo do porto de Aden, Iémen. Int. J. Oceans. Oceanogr., 1(1): 99-109.

Ndiaye, A.; Sanchez, W.; Durand, J.; Budzinski, H.; Palluel, O.; Diouf, K.; Ndiaye, P.; Panfili, J. (2013): Abordagem multiparamétrica para avaliar as variações da qualidade ambiental nos ecossistemas aquáticos da África Ocidental usando a tilápia-de-chinelo-preto (*Sarotherodon melanotheron*) como espécie sentinela. Environ. Sci. Pollut. Res., 19: 4133-4147.

Nelson, J.S. (1994): Fishes of the world, 3[ed]. John Wiley & Sons, Inc., New York, USA p.523.

Nemcsok, J. e Boross, L. (1982): Estudos comparativos sobre a sensibilidade de diferentes espécies de peixes à poluição por metais. Ata Biol. Acad. Sci. Hung., 33(1): 23-27.

Nero, V.; Farwell, A.; Lister, A.; Van Der Kraak, G.; Lee, L.E.J.; Van Meer, T.; MacKinnone, M.D.; Dixon, D.G. (2006): Alterações histopatológicas nas brânquias e no fígado da perca amarela (*Perca flavescens*) e do peixe dourado (*Carassius auratus*) expostos à água afetada pelo processo das areias petrolíferas. Ecotoxicol. Environ. Saf., 63: 365-377.

Nesto, N.; Bertoldo, M.; Nasci, C.; Da Ros, L. (2004): Variação espacial e temporal de biomarcadores em mexilhões (*Mytilus galloprovincialis*) da lagoa de Veneza, Itália. Mar. Environ. Res., 58: 287-291.

Neugebauer, E.A.; Sans Cartier, G.L.; Wakeford, B.J. (2000): Métodos para a determinação de metais em tecidos de animais selvagens utilizando várias técnicas de espetrofotometria de absorção atómica. Relatório Técnico Série Nº 337E. Serviço Canadiano de Vida Selvagem, Sede, Hull, Quebeque, Canadá.

Newman, M.C. e Jagoe, C.H. (1994): Ligandos e a biodisponibilidade de metais em ambientes aquáticos. Em: Hamelink, J.L., Landrum, P.F., Bergman, H.L., Benson, W.H. (Eds.), Bioavailability: Physical, Chemical, and Biological Interactions. Lewis Publications, Boca Raton, FL, pp. 39-62.

Nieboer, E. e Richardson, D.H.S. (1980): The replacement of the nondescript term 'heavy metals' by a biologically and chemically significant classification of metal ions. Environ. Pollut., 1: 3-26.

Nishida, Y. (2011): O processo químico de stress oxidativo por iões de cobre (II) e ferro (III) em várias doenças neurodegenerativas. Monatshefte fur Chemie, 142: 375-384.

Nordberg, G.F.; Kjellstrom, T.; Nordberg, M. (1985): Kinetics and metabolism. In: Cadmium and health: A toxicological and epidemiological appraisal. Vol. I. Exposure, dose, and metabolism. Friberg, L.; Elinder, C.G. e Kjellstrom, T. (eds). Boca Raton, FL: CRC Press. pp. 103-178.

Nwani, C.D.; Nwachi, D.A.; Okogwu, O.I.; Ude, E.F.; Odoh, G.E. (2010): Metais pesados em espécies de peixes do ecossistema lótico de água doce em Afikpo, Nigéria. Environ. Biol., 31(5): 595-601.

Ohno, H.; Doi, R.; Yamamura, K. (1985): A study of zinc distribution in erythrocytes of normal humans. Blut., 50: 113-116.

Oikari, A. e Soivio, A. (1977): Estado fisiológico dos peixes expostos a água contendo resíduos e esgotos da indústria da pasta e do papel. In: Biological monitoring of inland fisheries. Alabaster, J.S. (ed.), Applied Science, Londres, pp. 89-96.

Olaifa, F.E.; Olaifa, A.K.; Onwude, T.E. (2004): Efeitos letais e sub-letais do cobre nos juvenis do peixe-gato africano (*clarias gariepinus*). Afr. J. Biomed. Res., 7: 65-70.

Oliva, M.; Vicente, J.J.; Gravato, C.; Guilhermino, L.; Galindo-Riano, M.D. (2012): Biomarcadores de stress oxidativo em linguado do Senegal, *Solea senegalensis*, para avaliar o impacto da poluição por metais pesados num estuário de Huelva (SW Espanha): Variação sazonal e espacial. Ecotoxicol. Environ. Saf., 75: 151-162.

Oliva, M.; Vicente-Martorell, J.J.; Galindo-Riano, M.D.; Perales, J.A. (2013): Alterações histopatológicas no linguado do Senegal, *Solea Senegalensis*, de um estuário poluído de Huelva (SW, Espanha). Fish Physiol. Biochem., 39: 523-545.

Olivares-Rieumont, S.; de la Rosa, D.; Lima, L.; Graham, D.W.; D'Alessandro, K.; Borroto, J.; Martínez, F.; Sánchez, J. (2005): Avaliação dos níveis de metais pesados nos sedimentos do rio AlmendaresCidade de Havana, Cuba. Water Res., 39: 3945-3953.

Oliveira, M.; Ahmad, I.; Maria, V.L.; Pacheco, M.; Santos, M.A. (2010): Monitorização da poluição de uma lagoa costeira através de parâmetros genéticos e de stress oxidativo em rins de Liza aurata: uma abordagem integrada de biomarcadores. Ecotoxicol., 19: 643-653.

Oliveira, M.; Serafim, A.; Bebianno, M.J.; Pacheco, M.; Santos, M.A. (2008): Metalotioneína da enguia europeia (*Anguilla anguilla* L.), respostas endócrinas, metabólicas e genotóxicas à exposição ao cobre. Sci. Total Environ., 70(1): 20-26.

Oliveira, R.C.A.; Pelletier, E.; Pfeiffer, W.C.; Rouleau, C. (2000): Comparative uptake, bioaccumulation, and gill damages of inorganic mercury in tropical and nordic freshwater fish. Environ. Res., 83: 286292.

Oliveira Ribeiro, C.A.; Fanta, E.; Turcatti, N.M.; Cardoso, R.J.; Carvalho, C.S. (1996): Efeitos letais do mercúrio inorgânico em células e tecidos de *Trichomycterus brasiliensis* (Pisces; Siluroidei). Biocell., 20: 171-178.

Ololade, I.A.; Lajide, L.; Amoo, I.A.; Oladoja, N.A. (2008): Investigação da contaminação por metais pesados de mariscos marinhos comestíveis. Afr. J. Pure Appl. Chem., 2(12): 121-131.

Olsson, P.E.; Larsson, Á.; Haux, C. (1996): Influência das mudanças sazonais na temperatura da água na indutibilidade do cádmio da metalotioneína hepática e renal na truta arco-íris. Mar. Environ. Res., 42: 41-44.

Omar, W.A.; Zaghloul, K.H.; Abdel-Khalek, A.A.; Abo-Hegab, S. (2012): Efeitos genotóxicos da poluição por metais em duas espécies de peixes, *Oreochromis niloticus* e *Mugil cephalus*, de habitats aquáticos altamente degradados. Mutat. Res., 746(1): 7-14.

Omar, W.A.; Zaghloul, K.H.; Abdel-Khalek, A.A.; Abo-Hegab, S. (2013): Avaliação de risco e efeitos tóxicos da poluição por metais em duas espécies de peixes cultivados e selvagens de habitats aquáticos altamente degradados. Arch. Environ. Contam. Toxicol., 65(4): 753-764.

Öner, M.; Atli, G.; Canli, M. (2008): Alterações nos parâmetros bioquímicos séricos de peixes de água doce, *Oreochromis niloticus*, após exposições prolongadas a metais (Ag, Cd, Cr, Cu, Zn). Environ. Toxicol. Chem., 27: 360-366.

Oronsaye, J.A.O. e Brafield, A.E. (1984): O efeito do cádmio dissolvido nas células de cloreto das brânquias do stickleback *Gasterosteus aculeatus* (L.). J. Fish Biol., 25: 253-258.

Osman, A.G.; Abd El Reheem, A.M.; AbuelFadl, A.Y.; GadEl-Rab, A.G. (2010a): Biomarcadores enzimáticos e histopatológicos como indicadores de poluição aquática em peixes. Nat. Sci., 2(11): 1302-1311.

Osman, A.G.; Al-Awadhi, R.M.; Harabawy, A.S.A.; Mahmoud, U.M. (2010b): Avaliação da utilização da eletroforese de proteínas do peixe-gato africano *Clarias gariepinus* (Burchell, 1822) para a biomonitorização da poluição aquática. Environ. Res. 4(3): 235-243.

Osman, H.A.M.; Ismaiel, M.M.; Abbas, W.T.; Ibrahim, T.B. (2009): Uma abordagem à interação entre a tricodiníase e a poluição com Benzo-a-Pireno no peixe-gato (*Clarias gariepinus*). World J. Fish Mar. Sci., 1(4): 283-289.

Ozman, M.; Gungordu, A.; Kucukbay, F.Z.; Guler, R.E. (2006): Monitorização dos efeitos da poluição da água em *Cyprinus carpio* no lago da barragem de Karakaya, Turquia. Ecotoxicol., 15: 157-169.

Öztürk, M.; Özözen, G.; Minareci, O.; Minareci, E. (2009): Determinação de metais pesados em peixes, água e sedimentos do lago da barragem de Avsar na Turquia. Irão. J. Environ. Heal. Sci. Eng., 6(2): 73-80.

Pacheco, M. e Santos, M.A. (2002): Biotransformação, efeitos genotóxicos e histopatológicos de contaminantes ambientais na enguia europeia (*Anguilla anguilla* L.). Ecotoxicol. Environ. Saf., 53: 331-347.

Padmini, E. e Rani, M.U. (2009): Avaliação de biomarcadores de stress oxidativo em hepatócitos de tainha cinzenta que habitam estuários naturais e poluídos. Sci. Total Environ., 407: 4533-4541.

Palanivelu, V.; Vijayavel, K.; Ezhilarasibalasubramanian,   S.; Balsubramanian, M.P. (2005): Influência do derivado inseticida (cloridrato de cartap) do poliqueta marinho em certos sistemas enzimáticos do peixe de água doce *Oreochromis mossambicus*. Environ. Biol, 26: 191-196.

Pampanin, D.M.; Marangon, I.; Volpato, E.; Campesan, G.; Nasci, C. (2005): Biomarcadores de stress e nível de fosfato alcalino-lábil em mexilhões (*Mytilus galloprovincialis*) recolhidos na área urbana de Veneza (Lagoa de Veneza, Itália). Environ. Pollut., 136: 103-107.

Pandey, S.; Parvez, S.; Ansari, R.A.; Ali, M.; Kaur, M.; Hayat, F.; Ahmada, F.; Raisuddina, S. (2008): Effects of exposure to multiple trace metals on biochemical, histological and ultrastructural features of gills of a freshwater fish, *Channa punctata* Bloch. Chem. Biol. Interact., 174: 183-192.

Pandey, S.; Parvez, S.; Sayeed, I.; Haque, R.; Bin-Hafeez, B.; Raisuddin, S. (2003): Biomarkers of oxidative stress: A comparative study of River Yamuna fish, *Wallago attu* (Bl. & Schn.). Sci. Total Environ., 309: 105-115.

Paquin, P.R.; Farley, K.; Santore, R.C.; Kavvadas, C.D.; Mooney, K.G.; Winfield, R.P.; Wu, K.B.; Di Toro, D.M. (2003): Metais em sistemas aquáticos: uma revisão dos modelos de exposição, bioacumulação e toxicidade. Sociedade de Toxicologia e Química Ambiental (SETAC), Pensacola, pp. 61-90.

Paquin, P.R.; Gorsuch, J.W.; Apte, S.; Batley, G.E.; Bowles, K.C.; Campbell, P.G.C.; Delos, C.G.; Di Toro, D.M.; Dwyer, R.L.; Galvez, F.; Gensemer, R.W.; Goss, G.G.; Hogstrand, C.; Janssen, C.R.; McGeer, J.C.; Naddy, R.B.; Playle, R.C.; Santore, R.C.; Schneider, U.; Stubblefield, W.A.; Wood, C.M.; Wu, K.B. (2002): O modelo de ligante biótico: uma visão histórica. Comp. Biochem. Physiol, 133(C): 3-35.

Parthiban, P. e Muniyan, M. (2011): Efeito do metal pesado níquel sobre a peroxidação lipídica e parâmetros antioxidantes no tecido hepático de *Cirrhinus mrigala* (HAM.). J. Develop. Res., 1: 1-4.

Parvez, S.; Sayeed, I.; Pandey, S.; Ahmad, A.; Bin-Hafeez, B.; Haque, R.; Ahmad, I.; Raisuddin, S. (2003): Modulatory effect of copper on nonenzymatic antioxidants in freshwater fish *Channa punctatus*. (Bloch.). Biol. Trace Elem. Res., 93: 237-248.

Peixoto, F.P.; Carrola, J.; Coimbra, A.M.; Fernandes, C.; Teixeira, P.; Coelho, L.; Concei^ao, I.; Oliveira, M.M.; Fontainhas-Fernandes, A. (2013): Respostas ao stress oxidativo e alterações histológicas hepáticas no barbo, *Barbus bocagei*, do rio Vizela, Portugal. Rev. Int. Contam. Ambie., 29(1): 29-38.

Pelgrom, S.M.G.; Lock, R.A.C.; Balm, P.H.M.; Wendelaar bonga, S.E. (1995): Resposta fisiológica integrada da tilápia, *Oreochromis mossambicus*, à exposição subletal ao cobre. Aquat. Toxicol., 32: 303320.

Pereira, P.; de Pablo, H.; Dulce Subida, M.; Vale, C.; Pacheco, M. (2009a): Respostas bioquímicas do caranguejo-uçá (*Carcinus maenas*) num sistema costeiro eutrófico e contaminado por metais (Lagoa de Óbidos, Portugal). Ecotoxicol. Environ. Saf., 72: 1471-1480.

Pereira, P.; de Pablo, H.; Pacheco, M.; Vale, C. (2010): A relevância de factores temporais e específicos de cada órgão na acumulação de metais e efeitos bioquímicos em peixes selvagens (*Liza aurata*) num cenário de contaminação moderada. Ecotoxicol. Environ. Saf., 73: 805-816.

Pereira, P.; de Pablo, H.; Rosa-Santos, F.; Pacheco, M.; Vale, C. (2009b): Acumulação de metais e stress oxidativo em *Ulva* sp. substanciado pela integração da resposta num índice geral de stress. Aquat. Toxicol., 91: 336-345.

Perry, S.F. e McDonald, D.G. (1993): Trocas gasosas. In: Evans, D.H. (Ed.), The physiology of fishes. CRC Press, Boca Raton, FL, pp. 251278.

Pesce, S.F.; Cazenave, J.; Monferran, M.V.; Frede, S.; Wunderlin, D.A. (2008): Estudo integrado sobre os efeitos tóxicos do lindano em peixes neotropicais, *Corydoras paleatus* e *Jenynsia multidentata*. Environ. Pollut., 156: 775-783.

Peter, L.S.; William, E.H.; Robin, M.O.; Nancy, J.B. (2009): Deformidades morfológicas como biomarcadores em peixes de rios contaminados em Taiwan. Int. J. Environ. Res., 6: 2307-2331.

Petrivalsky, M.; Machala, M.; Nezveda, K.; Piacka, V.; Svobodova, Z.; Drabek, P. (1997): Enzimas desintoxicantes dependentes da glutationa no fígado da truta arco-íris: Procura de marcadores bioquímicos específicos de stress químico. Environ. Toxicol. Chem., 16: 1417-1421.

Phiri, O.; Mumba, P.; Moyo, B.H.; Kadewa, W. (2005): Avaliação do impacto dos efluentes industriais na qualidade da água dos rios receptores em áreas urbanas do Malawi. Int. J. Environ. Sci. Tech., 3(2): 237-244.

Playle, R.C. e Wood, C.M. (1990): A precipitação de alumínio é suficientemente rápida para explicar a deposição de alumínio nas guelras dos peixes? Can. J. Fish. Aquat. Sci., 47: 1558-1561.

Ploetz, D.M.; Fitts, B.E.; Rice, T.M. (2007): Acumulação diferencial de metais pesados nos músculos e no fígado de um peixe marinho (King Mackerel, *Scomberomorus cavalla, Cuvier*) do Norte do Golfo do México, EUA. Bull. Environ. Contam. Toxicol., 78: 134-137.

Pokale, W.K. (2012): Efeitos da usina termelétrica no meio ambiente. Sci. Revs. Chem. Commun., 2(3): 212-215.

Porter, N.A.; Caldwell, S.E.; Mills, K.A. (1995): Mechanisms of free radical oxidation of unsaturated lipids. Lipids, 30: 277-290.

Prasanna, M. e Ranjan, P.C. (2010): Propriedades físico-químicas da água recolhida no estuário de Dhamra. Int. J. Environ. Sci., 1(3): 334342.

Pratap, H.B. e Wendelaar Bonga, S.E. (1993): Effect of ambient and dietary cadmium on pavement cells, chloride cells, and sodium, potassium -ATPase activity in the gills of the freshwater teleost *Oreochromis mossambicus* at normal and high calcium levels in the ambient water. Aquat. Toxicol., 26: 133-150.

Pratap, H.B.; Fu, H.; Lock, R.A.C.; Wendelaar Bonga, S.E. (1989): Efeito do cádmio transportado pela água e pela dieta nos iões plasmáticos do teleósteo, *Oreochromis mossambicus*, em relação aos níveis de cálcio da água. Arch. Environ. Contam. Toxicol., 18: 568-575.

Protasowicki, M. (1987): Metais pesados selecionados em peixes do sul do Mar Báltico. Rozpr. AR Szczecin, 110: 78 (em polaco).

Puangkaew, J.; Kiron, V.; Satoh, S.; Watanabe, T. (2005): Antioxidant defense of rainbow trout (*Oncorhynchus mykiss*) in relation to dietary n-3 highly unsaturated fatty acids and vitamin E contents. Comp. Biochem. Physiol., 140(C): 187-196.

Pyle, G.G.; Rajotte, J.W.; Couture, P. (2005): Efeitos dos metais industriais nas populações de peixes selvagens ao longo de um gradiente de contaminação por metais. Ecotoxicol. Environ. Saf., 61(3): 287-312.

Pyle, G.G.; Swanson, S.M.; Lehmkuhl, D.M. (2002): The influence of water hardness, pH, and suspended solids on nickel toxicity to larval fathead minnows (*Pimephales promelas*). Wat. Air Soil Pollut, 133: 215-226.

Rahman, M.S.; Molla, A.H.; Saha, N.; Rahman, A. (2012): Estudo sobre os níveis de metais pesados e sua avaliação de risco em alguns peixes comestíveis do rio Bangshi, Dhaka, Bangladesh. Food Chem, 134: 1847-1854.

Rajabipour, F.; Shahsavani, D.; Moghimi, A.; Jamili, S.; Mashaii, N. (2010): Comparação da atividade enzimática sérica no grande esturjão, *Huso huso*, cultivado em lagos de terra salobra e de água doce no Irão. Comp. Clin. Pathol., 19(3): 301-305.

Rajamanickam, V. e Muthuswamy, N. (2008): Efeito da toxicidade induzida por metais pesados nos biomarcadores metabólicos da carpa comum (*Cyprinus Carpio* L.). Mj. Int. J. Sci. Tech., 2(1): 192-200.

Rajeshkumar, S.; Mini, J.; Munuswamy, N. (2013): Efeitos de metais pesados em antioxidantes e expressão de HSP70 em diferentes tecidos de Peixe-leite (*Chanos chanos*) da ilha de Kaattuppall, Chennai, Índia. Ecotoxicol. Environ. Saf., 98: 8-18.

Rajotte, J.; Pyle, G.; Couture, P. (2003): Indicadores de stress crónico por metais em percas amarelas selvagens de ambientes contaminados por metais. Apresentações de Conferência, Minas e Ambiente, 28ª Reunião Anual.

Ramelow G.J., Webre C.L., Mueller C.S.; Beck, J.N.; Young, J.C.; Langley, M.P. (1989): Variações de metais pesados e arsénico em peixes e outros organismos do rio e lago Calcasieu, Louisiana. Arch. Environ. Contam. Toxicol., 18: 804-818.

Randall, D.; Lin, H.; Wright, P.A. (1991): Fluxo de água da brânquia e a química da camada limite. Physiol. Zool, 64: 26-38.

Randall, D.J.; Perry, S.F.; Heming, T.A. (1982): Transferência de gás e regulação ácido-base em Salmonídeos. Comp. Biochem. Physiol., 73(B): 93103.

Randi, A.S.; Monserrat, J.M.; Rodriquez, E.M.; Romano, L.A. (1996): Efeitos histopatológicos do cádmio nas brânquias do peixe de água doce, *Macropsobrycon uruguayanae* Eigenmann (Pisces, Atherinidae). J. Fish Dis., 19(4): 311-322.

Rauf, A.; Javed, M.; Ubaidullah, M. (2009): Heavy metal levels in three major carps (*Catla catla*, *Labeo Rohita* and *Cirrhina mrigala*) from the River Ravi, Pakistan. Pakistan Vet., 29(1): 24-26.

Ravindra, K.; Meenakshi, A.; Rani, M.; Kaushik, A. (2003): Variação sazonal na qualidade da água do rio Yamuna em Haryana e seu uso ecológico mais bem projetado. Environ. Monit., 5(3): 419-426.

Reddy, J.K. e Lalwani, N.D. (1983): Carcinogenesis by hepatic peroxisome proliferators: evaluation of the risk of hypolipidemic drugs and industrial plasticizers to humans. CRC Crit. Rev. Toxicol., 12: 168.

Regoli, F.; Frenzilli, G.; Bocchetti, R.; Annarumma, F.; Scarcelli, V.; Fattorini, D.; Nigro, M. (2004): Variações temporais do metabolismo oxirradical, integridade do ADN e estabilidade lisossómica em mexilhões, *Mytilus galloprovincialis*, durante uma experiência de translocação no terreno. Aquat. Toxicol., 68: 167-178.

Reid, S.D. e Mcdonald, D.G. (1991): Metal binding activity of the gills of the rainbow trout, *Onchorhynchus mykiss*. Can. J. Fish. Aquat. Sci., 48(6): 1061-1068.

Riba, I.; Blasco, J.; Jiménez-Tenorio, N.; González de Canale, M.L.; DelValls, T.A. (2005): Biodisponibilidade e efeitos de metais pesados: II. Relações histopatologia-bioacumulação causadas por actividades mineiras no Golfo de Cádis (SW, Espanha). Chemosphere, 58(5): 671682.

Riba, I.; García-Luque, E.; Blasco, J.; DelValls, T.A. (2003): Especiação química e biodisponibilidade de metais pesados em função dos valores de pH e salinidade ligados a sedimentos estuarinos. Chem. Spec. Bioavailab., 15: 101-114.

Richter, C. (1987): Biophysical consequences of lipid peroxidation in membranes. Chem. Phys. Lipids, 44: 175-189.

Roach, C.; Maher, W.; Krikowa, F. (2008): Avaliação de metais em peixes do lago Macquarie, Nova Gales do Sul, Austrália. Arch. Environ. Contam. Toxicol., 54: 292-308.

Roberts, R.J. (2001): Fish pathology. 3rd edition, WB Saunders, an imprint of Elsevier Limited, London, England. pp. 12-102.

Rodriguez-Ariza, A.; Dorado, G.; Peinado, J.; Pueyo, C.; Lopez-Barea, J. (1991): Efeitos bioquímicos da poluição ambiental em peixes do litoral sul-atlântico espanhol. Biochem. Soc. Trans., 19: 301S.

Roesijadi, G. (1996): Metallothionein e seu papel na regulação de metais tóxicos. Comp. Biochem. Physiol., 113(2C): 117-123.

Rogers, J.T. e Wood, C.M. (2004): Caracterização da interação chumbo-cálcio branquial na truta arco-íris de água doce, *Oncorhynchus mykiss*. J. Exp. Biol., 207: 813-825.

Romano, N. e Zeng, C. (2007): Efeitos do potássio nas alterações da osmorregulação mediadas pelo nitrato em caranguejos marinhos. Aquat. Toxicol., 85(3): 202-208.

Româo, S.; Donatti, L.; Freitas, M.O.; Teixeira, J.; Kusma, J. (2006): Análise de parâmetros sanguíneos e alterações morfológicas como biomarcadores na saúde de *Hoplias malabaricus* e *Geophagus brasiliensis*. Braz. Arq. Boil. Tecnol., 49(3): 441-448.

Roméo, M.; Hoarau, P.; Garello, G.; Gnassia-Barelli, M.; Girard, J.P. (2003): Transplante de mexilhões e biomarcadores como ferramentas úteis para avaliar a qualidade da água no Noroeste do Mediterrâneo. Environ. Pollut., 122: 369-378.

Roncero, V.; Vincente, J.A.; Redondo, E.; Gâzquez, A.; Duran, E. (1990): Intoxicação experimental por nitrato de chumbo: estudo microscópico e ultra-estrutural das brânquias da *tenca* (*Tinca tinca*, L.). Environ. Health Perspet, 89: 137-144.

Rosety-Rodriguez, M.; Ordonez, F.J.; Rosety, M.; Rosety, J.M.; Ribelles, A.; Carrasco, C. (2002): Alterações morfo-histoquímicas nas brânquias do pregado, *Scophthalmus maximus* L., induzidas pelo dodecil sulfato de sódio. Ecotoxicol. Environ. Saf., 51(3): 223-228.

Ross, S.W.; Dalton, D.A.; Kramer, S.; Christensen, B.L. (2001): Physiological (antioxidant) responses of estuarine fishes to variability in dissolved oxygen. Comp. Biochem. Physiol, 130(C): 289-303.

Roy, S. e Bhattacharya, S. (2006): Histopatologia induzida pelo arsénio e síntese de proteínas de stress no fígado e nos rins de *Channa punctatus*. Ecotoxicol. Environ. Saf., 65: 218-229.

Ruas, C.B.; Carvalho, C.S.; De Araujo, S.S.; Espindola, E.L.; Fernandes, M.N. (2008): Biomarcadores de stress oxidativo de exposição no sangue de espécies de ciclídeos de um rio contaminado por metais. Ecotoxicol. Environ. Saf., 71: 86-93.

Rudneva, I.I. (1999): Antioxidant system of Black Sea animals in early development. Comp. Biochem. Physiol, 122(C): 265-271.

Sadauskas-Henrique, H.; Sakuragui, M.M.; Paulino, M.G.; Fernandes, M.N. (2011): Utilização do fator de condição e de biomarcadores de variáveis sanguíneas em peixes para avaliar a qualidade da água. Environ. Monit. Assess., 181: 29-42.

Saeed, S.M. e Shaker, I.M. (2008): Avaliação da poluição por metais pesados na água e nos sedimentos e seus efeitos em *Oreochromis Niloticus* nos lagos do Delta Norte, Egito. 8th Simpósio Internacional sobre Tilápia em Aquacultura, 475-490.

Salah El-Deen, M.A.; El-Hakim, M.E.; El-Kady, M. (1995): Estudos sobre a toxicidade aguda do mercúrio, do zinco e do cobre, individualmente e em combinação, em juvenis de carpa herbívora, *Ctenopharyngodon idella*, Proc. Zool. Soc., ARE, 26: 1-13.

Salman, J.M. e Hussain, H.A. (2012): Qualidade da água e alguns metais pesados na água e sedimentos do rio Eufrates, Iraque. J. Environ. Sci. Eng., 1(A): 1088-1095.

Sanchez, W.; ATt-Aissa, S.; Palluel, O.; Ditche, J.-M.; Porcher, J.-M. (2007): Investigação preliminar de respostas multi-biomarcadores em stickleback de três espinhas (*Gasterosteus aculeatus* L.) amostrados em riachos contaminados. Ecotoxicol., 16: 279-287.

Sanchez, W.; Palluel, O.; Meunier, L.; Coquery, M.; Porcher, J-M.; Ait-Aissa, S. (2005): Estresse oxidativo induzido por cobre no stickleback de três espinhas: relação com os níveis de metal hepático. Environ. Toxicol. Pharmacol., 19(1): 171-183.

Sankar, T.V.; Zynudheen, A.A.; Anandan, R.; Viswanathan Nair, P.G. (2006): Distribuição de pesticidas organoclorados e metais pesados em peixes e mariscos da região de Calicute, Kerala, Índia. Chemosphere, 65: 583-590.

Sarhadizadeh, N.; Afkhami, M.; Ehsanpour, M.; Bastami, K.D. (2013): Monitorização da poluição por metais pesados na costa norte do Estreito de Ormuz (Golfo Pérsico): variações das enzimas plasmáticas em *Periophthalmus waltoni*. Comp. Clin. Pathol., 1: 1-5.

Satoh, K. (1978): Peróxido de lípido sérico em doenças cerebrovasculares determinado por um novo método colorimétrico. Clin. Chim. Ata, 90(1): 3743.

Satpathy, K.K.; Mohanty, A.K.; Prasad, M.V.R.; Natesan, U.; Sarkar, S.K. (2012): Estudos sobre as variações de metais pesados nos sedimentos marinhos ao largo de Kalpakkam, costa leste da Índia. Environ. Earth Sci., 65: 89-101.

Scarfe, A.D.; Jones, K.A.; Steele, C.W.; Kleerekoper, H.; Corbett, M. (1982): Comportamento locomotor de quatro teleósteos marinhos em resposta à exposição subletal ao cobre. Aquat. Toxicol., 2: 335-342.

Schlenk, D. e Benson, W.H. (2001): Target organ toxicity in marine and freshwater teleosts, Estados Unidos da América: CRC Press. p. 198-199.

Schreck, C.B. e Moyle, P.B. (1990): Methods of fish Biology. Am. Fish. Soc., Bethesda, Maryland, EUA.

Schulz, U. e Martins-Junior, H. (2001): *Astyanax fasciatus* como bioindicador da poluição das águas do Rio dos Sinos, R.S., Brasil. Braz. J. Biol., 61(4): 615-622.

Schwaiger, J. (2001): Alterações histopatológicas e infeção parasitária em peixes: indicadores de múltiplos factores de stress. J. Aquat. Ecosys. Stress Recov., 8: 231-240.

Schwaiger, J.; Wanke, R.; Adam, S.; Pawert, M.; Honnen, W.; Triebskorn, R. (1997): O uso de indicadores histopatológicos para avaliar o stress relacionado com contaminantes em peixes. Aquat. Ecosys. Stress Recov., 6: 75-86.

Scudiero, R.; Temussi, P.A.; Parisi, E. (2005): Metalotioneínas de peixes e mamíferos: um estudo comparativo. Gene, 345(1): 21-26.

Sevanian, A. e Ursini, F. (2000): Lipid peroxidation in membranes and low-density lipoproteins: similarities and differences. Free Rad. Biol. Med., 29: 306-311.

Sevcikova, M.; Modra, H.; Slaninova, A.; Svobodova, Z. (2011): Metais como causa de stress oxidativo em peixes: uma revisão. Vet. Med., 56(11): 537546.

Shahsavani, D.; Mohri, M.; Shirazian, M.; Gholipour-Kanani, H. (2010): Determinação dos valores normais de bioquímica sanguínea (electrólitos e não electrólitos) em *Huso huso* maduro na primavera. Comp. Clin. Path, 20: 653-657.

Shalaby, N.I. (2000): Chemical and Environmental studies on farm fish. Ms.C. Tese, Fac. of Agric. Zag. Univ.

Sharif, A.K.M.; Mustafa, A.I.; Hossain, M.A.; Amin, M.N.; Saifullah, S. (1993): Conteúdo de chumbo e cádmio em dez espécies de peixes marinhos tropicais da Baía de Bengala. Sci. Tot. Environ., 133(1-2): 193-199.

Shaw, J.B. e Handy, D.R. (2006): Exposição e recuperação de cobre na dieta da tilápia do Nilo. *Oreochromis niloticus*. Aquat. Toxicol., 76: 111121.

Sijm, D.T.H.M. e Opperhuizen, A. (1989): Biotransformação de produtos químicos orgânicos por peixes: actividades enzimáticas e reacções. In: Hutzinger, O. (Ed.), Handbook of Environmental Chemistry Reactions and Processes, vol. 2E. Springer, Berlim, pp. 163-235.

Silva, A.G. e Martinez, C.B. (2007): Alterações morfológicas no rim de um peixe que vive em um córrego urbano. Environ. Toxicol. Pharmacol., 23: 185-192.

Singh, H.S. e Reddy, T.V. (1990): Effect of copper sulfate on hematology, blood chemistry, and hepatosomatic index of an Indian catfish, *Heteropneustes fossillis* (Bloch), and its recovery. Ecotoxicol. Environ. Saf., 20: 30-35.

Singh, K.; Mohan, D.; Sinha, S.; Dalwani, R. (2004): Impact assessment of treated/untreated wastewater toxicants discharged by sewage treatment plants on health, agricultural, and environmental quality in wastewater disposal area. Chemosphere, 55: 227-255.

Singh, R.K. e Sharma, B. (1998): Carbufuran induced biochemical changes in *Clarias batrachus*. Pestic. Sci., 53: 285-290.

Sobha, K.; Poornima, A.; Harini, P.; Veeraiah, K. (2007): Um estudo sobre alterações bioquímicas no peixe de água doce, *Catla catla* (Hamilton), exposto ao metal pesado tóxico cloreto de cádmio. Universidade de Kathmandu. Ciência e Engenharia. Tech., 1(4): 1-11.

Sofianos, S.S. e Johns, W.E. (2007): Observations of the summer Red Sea circulation. J. Geophys. Res., 112(C6).

Sokolova, I.M. e Lannig, G. (2008): Efeitos interactivos da poluição por metais e da temperatura no metabolismo dos ectotérmicos aquáticos: implicações das alterações climáticas globais. Clim. Res., 37: 181-201.

Stagg, R.M. (1998): O desenvolvimento de um programa internacional de monitorização dos efeitos biológicos dos contaminantes na área da convenção OSPAR. Mar. Environ. Res., 4: 307-313.

Stagg, R.M. e Shuttleworth, T.J. (1982): The accumulation of copper in *Platichthys flesus* L. and its effects on plasma electrolyte concentrations. J. Fish. Biol., 20: 491-501.

Stanic, B.; Andric, N.; Zoric, S.; Grubor-Lajsic, G.; Kovacevic, R. (2005): Avaliação da poluição no rio Danúbio perto de Novi Sad (Sérvia) usando vários biomarcadores em sterlet (*Acipenser ruthenus* L.). Ecotoxicol. Environ. Saf., 65(3): 395- 402.

Stegeman, J.J.; Brouwer, M.; Di Giulio, R.; Forlin, L.; Fowler, B.; Sanders, B.; Van Veld, P. (1992): Molecular responses to environmental contamination: proteins and enzymes as indicators of contaminant exposure and effects. In: Biomarcadores: Biochemical, physiological and histological markers of anthropogenic stress, Huggett, R. J., Lewis Publishers, Boca Raton, FL, pp. 235-335.

Stein, J.E.; Collier, T.K.; Reichert, W.L.; Casillas, E.; Hom, T.; Varanashi, U. (1992): Bioindicadores de exposição a contaminantes e efeitos subletais: Estudos com peixes bentónicos em Puget Sound, Washington. Environ. Toxicol. Chem., 11: 701-714.

Stentiford, G.D.; Longshaw, M.; Lyons, B.P.; Jones, G.; Green, M.; Feist, S.W. (2003): Biomarcadores histopatológicos em espécies de peixes estuarinos para a avaliação dos efeitos biológicos de contaminantes. Mar. Environ. Res., 55: 137-159.

Stephensen, E.; Svavarsson, J.; Sturve, J.; Ericson, G.; Adolfsson-Erici, M.; Fortin, L. (2000): Indicadores bioquímicos de exposição à poluição em shorthorn sculpin (*Myoxocephalus scorpius*) capturados em quatro portos na costa sudoeste da Islândia. Aquat. Toxicol., 48: 431- 442.

Stohs, S.J. e Bagchi, D. (1995): Mecanismos oxidativos na toxicidade dos iões metálicos. Free Radical Biol. Med., 2: 321-336.

Storelli, M.M.; Barone, G.; Storelli, A.; Marcotrigiano, G.O. (2006): Trace metals in tissues of mugilids (*Mugil auratus, Mugil capito* and *Mugil labrosus*) from the Mediterranean Sea. Bull. Environ. Contam. Toxicol., 77(1): 43-50.

Storey, K.B. (1996): Estresse oxidativo: adaptações animais na natureza. Braz. Med. Biol. Res., 29: 1715-1733.

Suarez-Serrano, A.; Alcaraz, C.; Ibanez, C.; Trobajo, R.; Barata, C. (2010): *Procambarus clarkii* como bioindicador de fontes de poluição por metais pesados no baixo rio Ebro e no Delta. Ecotoxicol. Environ. Saf., 73: 280-286.

Summak, S.; Aydemir, N.C.; Vatan, O.; Yilmaz, D.; Zorlu, T.; Bilaloglu, R. (2010): Avaliação da genotoxicidade da água do ribeiro Nilufer (Bursa/Turquia) através do teste do micronúcleo piscícola. Food Chem. Toxicol., 48(8-9): 2443-2447.

Surendra, S.K. e Tiwari, L.R. (2012): Análise de metais pesados na água do riacho Dandi - costa oeste da Índia. Inter. Sci. Res. Publ., 2(12): 1-4.

Suthar, S.; Nema, A.K.; Chabukdhara, M.; Gupta, S.K. (2009): Avaliação dos metais na água e nos sedimentos do rio Hindon, Índia: impacto das descargas industriais e urbanas. J. Hazard. Mater., 171: 1088-1095.

Svobodova, Z.; Dusek, L.; Hejtmanek, M.; Vykusova, B.; Smid, R. (1999): Bioacumulação de mercúrio em várias espécies de peixes dos reservatórios de água de Orlik e Kamyk na República Checa. Ecotoxicol. Environ. Saf., 43: 231-240.

Szefer, P.; Ali, A.A.; Ba-Haroon, A.A.; Rajeh, A.A.; Geldon, J.; Nabrzyski, M. (1999): Distribuição e relações de metais vestigiais selecionados em moluscos e sedimentos associados do Golfo de Aden, Iémen. Environ. Pollut., 106: 299-314.

Szefer, P.; Szefer, K.; Skwarzec, B. (1990): Distribution of trace metals in some representative fauna of the Southern Baltic. Mar. Pollut. Bull., 21: 60-62.

Takasusuki, J.; Araujo, M.R.R.; Fernandes, M.N. (2004): Efeito do pH da água na toxicidade do cobre no peixe neotropical, *Prochilodus scrofa* (Prochilodontidae). Bull. Environ. Contam. Toxicol., 72: 1075-1082.

Tam, N.F.Y. e Wong, W.S. (2000): Spatial variation of metals in surface sediments of Hong Kong mangrove swamps. Environ. Pollut., 110: 195-205.

Tao, S.; Wen, Y.; Long, A.; Dawson, R.; Cao, J.; Xu, F. (2001): Simulação da condição ácido-base e especiação de cobre no microambiente das brânquias de peixe. Computers Chem, 25: 215-222.

Tapia, J.; Vargas-Chacoff, L.; Bertrán, C.; Peña-Cortés, F.; Hauenstein, E.; Schlatter, R.; Jiménez, C.; Tapia, C. (2012): Metais pesados no fígado e músculo do peixe *Micropogonias manni* do Lago Budi, Região da Araucania, Chile: risco potencial para o ser humano. Environ. Monit. Assess., 184(5): 3141-3151.

Tchounwou, P.B.; Abdelghani, A.A.; Pramar, Y.V.; Heyer, L.R.; Steward, C.M. (1996): Avaliação dos potenciais riscos para a saúde associados à ingestão de metais pesados em peixes recolhidos de uma zona húmida contaminada com resíduos perigosos na Louisiana, EUA. Rev. Environ. Health, 11(4): 191-203.

Teh, S.J.; Adams, S.M.; Hinton, D.E. (1997): Biomarcadores histopatológicos em populações de peixes de água doce selvagens expostas a diferentes tipos de stress contaminante. Aquat. Toxicol., 37: 51-70.

Tetsuro, A.A.; Takashi, K.B.; Genta, Y.A.; Hisato, I.A.; Annamalai, A.A.; Ahmad, I.C.; Shinsuke, T.A. (2005): Concentrações de elementos vestigiais em peixes marinhos e sua avaliação de risco na Malásia. Mar. Pollut. Bull., 51: 896-911.

Thirumavalavan, R. (2010): Efeito do cádmio nos parâmetros bioquímicos em peixes de água doce, *Oreochromis mossambicus*. Asian J. Sci. Tech., 5: 100-104.

Thomas, D.J. e Juedes, M.J. (1992): Influência do chumbo no estado da glutationa dos tecidos da corvina do Atlântico. Aquat. Toxicol., 23: 11-30.

Thophon, S.; Kruatrachue, M.; Upathan, E.S.; Pokethitiyook, P.; Sahaphong, S.; Jarikhuan, S. (2003): Alterações histopatológicas do robalo branco, *Lates calcarifer*, na exposição aguda e subcrónica ao cádmio. Environ. Pollut., 121(3): 307-320.

Tietz, N.W. (1970): Fundamentals of clinical chemistry, Saunders Co., Philadelphia, PA, 302.

Tigano, C.; Tomasello, B.; Pulvirenti, V.; Ferrito, V.; Copat, C.; Carpinteri, G.; Mollica, E.; Sciacca, S.; Renis, M. (2009): Avaliação do stress ambiental em *Parablennius sanguinolentus* (Pallas, 1814) da costa jónica siciliana. Ecotoxicol. Environ. Saf., 72(4): 1278-1286.

Tlili, S.; Jebali, J.; Banni, M.; Haouas, Z.; Mlayah, A.; Helal, A.N.; Boussetta, H. (2010): Análise de abordagem multimarcador na carpa comum *Cyprinus carpio* amostrada em três locais de água doce. Environ. Monit. Assess., 168(1-4): 285-298.

Tomlinson, D.L.; Wilson, J.G.; Harris, C.R.; Jeffrey, D.W. (1980): Problemas na avaliação dos níveis de metais pesados em estuários e a formação de um índice de poluição. Helgol. Mar. Res., 33(1-4): 566-575.

Torres, M.A.; Testa, C.P.; Gaspari, C.; Masutti, M.B.; Panitz, C.M.N.; Curi-Pedrosa, R.; Almeida, E.A.; Mascio, P.D.; Filho, D.W. (2002): Estresse oxidativo no mexilhão, *Mytella guyanensis* de manguezais poluídos da Ilha de Santa Catarina, Braz. Mar. Pollut. Bull., 44: 923932.

Tort, T.; Kargacin, B.; Torres, P.; Giralt, M.; Hidalgo, J. (1996): O efeito da exposição ao cádmio e do stress sobre o cortisol plasmático, o nível de metalotioneína e o estado oxidativo no fígado da truta arco-íris (*Oncorhynchus mykiss*). Comp. Biochem. Physiol, 114(C): 2934.

Traven, L.; Micovic, V.; Lusic, D.V.; Smital, T. (2013): As respostas do índice hepatossomático (HSI), da atividade da 7-etoxirresorufina-O-deetilase (EROD) e da atividade da glutationa-S-transferase (GST) no robalo (*Dicentrarchus labrax*, Linnaeus 1758) enjaulado num local poluído: implicações para a sua utilização na avaliação dos riscos ambientais. Environ. Monit. Assess., 185: 9009-9018.

Tsangaris, C.; Kormas, K.; Strogyloudi, E.; Hatzianestis, I.; Neofitou, C.; Andral, B.; Galgani, F. (2010): Biomarcadores múltiplos dos efeitos da poluição em mexilhões enjaulados na costa grega. Comp. Biochem. Physiol, 151(C): 369-378.

Tsangaris, C.; Vergolyas, M.; Fountoulaki, E.; Nizheradze, K. (2011): Respostas de stress oxidativo e biomarcadores de genotoxicidade em tainha cinzenta (*Mugil cephalus*) de um ambiente poluído no Golfo de Saronikos, Grécia. Arch. Environ. Contam. Toxicol., 61: 482-490.

Türkmen, M.; Türkmen, A.; Tepe, Y.; Töre, Y.; Ates, A. (2009): Determinação de metais em espécies de peixe dos mares Egeu e Mediterrâneo. Food Chem., 113(1): 233-237.

Tuvikene, A.; Huuskonen, S.; Koponen, K.; Ritola, O.; Mauer, U.; Lindström-Seppä, P. (1999): Oil shale processing as a source of aquatic pollution: monitoring of the biologic effects in caged and feral freshwater fish. Environ. Health Persp., 107: 745-752.

Tüzen, M. (2003): Determinação de metais pesados em amostras de peixe do lago Mid Dame do Mar Negro (Turquia) por espetrometria de absorção atómica em forno de grafite. Food Chem, 80: 119-123.

Tuzen, M. e Soylak, M. (2007): Determinação de metais vestigiais em conservas de peixe comercializadas na Turquia. Food Chem, 101: 1378-1382.

Ulozlu, O.D.; Tuzen, M.; Mendil, D.; Soylak, M. (2007): Trace metal content in nine species of fish from the Black and Aegean Seas, Turkey. Food Chem, 104: 835-840.

Uluturhan, E.; Kontas, A.; Can, E. (2011): Concentrações de metais pesados nos sedimentos da Lagoa de Homa (Mar Egeu Oriental): Avaliação da contaminação e dos riscos ecológicos. Mar. Pollut. Bull., 62: 19891997.

Urena, R.; Peri, S.; del Ramo, J.; Torreblanca, A. (2007): Conteúdo de metal e metalotioneína em tecidos de *Anguilla anguilla* selvagem e cultivada em tamanho comercial. Environ. Int., 33(4): 532-539.

USEPA (Agência de Proteção Ambiental dos EUA) (1980): Ambient water quality criteria for zinc. Washington, DC: U.S., Office of Water Regulations and Standards. EPA440580079. PB81117897.

USEPA (Agência de Proteção Ambiental dos EUA) (1982): Standards of performance for lead-acid battery manufacturing plants (Normas de desempenho para fábricas de baterias de chumbo-ácido). Código de Regulamentos Federais dos EUA. 40 CFR 60. Subparte KK.

USEPA (Agência de Proteção Ambiental dos EUA) (1997): Exposure factors handbook (Manual de factores de exposição). Washington, DC. Gabinete de Saúde e Avaliação Ambiental. (EPA/600/8-89/043).

USEPA (Agência de Proteção Ambiental dos EUA) (2000): Guidance for assessing chemical contaminant data for use in fish advisories. Washington, DC. Gabinete de Ciência e Tecnologia e Gabinete da Água. (EPA/823/B-97/009).

USEPA (Agência de Proteção do Ambiente dos EUA) (2003): Medidas nacionais de gestão para o controlo da poluição não pontual da agricultura. [Internet]. Washington (DC): Gabinete da Água da EPA dos EUA. EPA-841-B-03-004. [Citado em 2008 Jul 9]. Disponível em: http://www.epa.gov/owow/nps/agmm/index.html.

USEPA (Agência de Proteção Ambiental dos EUA) (2005a): Diretrizes para a avaliação do risco de carcinogéneos. Washington, DC. (EPA/630/P-03/001F).

USEPA (Agência de Proteção Ambiental dos EUA) (2005b): Lead in drinking water (Chumbo na água potável). Washington, DC: Agência de Proteção Ambiental dos EUA.

USEPA (Agência de Proteção Ambiental dos EUA) (2007): Risk communication in action. Case studies in fish advisories. Science Applications International Corporation (SAIC), Grupo de Engenharia e Gestão Ambiental. Reston, Virgínia, EUA. (EPA/625/R- 06/013).

Usero, J.; Regalado, E.G.; Gracia, I. (1997): Metais vestigiais em moluscos bivalves *Ruditapes decussatus* e *Ruditapes philippinarum* da costa atlântica do sul de Espanha. Environ. Int., 23: 291-298.

Usha Rani, A. e Ramamurthi, R. (1989): Alterações histopatológicas no fígado da *tilápia mossambica* de água doce em resposta à toxicidade do cádmio. Ecotoxicol. Environ. Saf., 17: 221-226.

Uysal, K.; Köse, E.; Bülbül, M.; Dönmez, M.; Erdogan, Y.; Koyun, M.; Ömeroglu, Ä.; Özmal, F. (2009): A comparação dos rácios de acumulação de metais pesados de algumas espécies de peixes no lago Enne Dame (Kütahya/Turquia). Environ. Monit. Assess., 157: 355-362.

Valko, M.; Morris, H.; Cronin, M.T.D. (2005): Metais, toxicidade e stress oxidativo. Curr. Med. Chem., 12: 1161-1208.

Vallee, B.L. (1995): A função da metalotioneína. Neurochem. Int., 27(1): 23-33.

Van der Oost, R.; Beyer, J.; Vermeulen, N.P. (2003): Bioacumulação em peixes e biomarcadores na avaliação de riscos ambientais: uma revisão. Environ. Toxicol. Pharmacol., 13: 57-149.

Varisco, D.M.; Ross, J.P.; Milroy, A. (1992): Biological diversity assessment of the republic of Yemen (Avaliação da diversidade biológica da República do Iémen). Conselho Internacional para a Preservação das Aves, Cambridge, pp. 12-20.

Varol, M. (2011): Avaliação da contaminação por metais pesados em sedimentos do rio Tigre (Turquia) utilizando índices de poluição e técnicas estatísticas multivariadas. J. Hazard. Mater., 195: 355-364.

Velcheva, I.; Tomova, E.; Arnaudova, D.; Arnaudov, A. (2010): Investigação morfológica das brânquias e do fígado de peixes de água doce do lago da barragem "Studen kladenets". Bulg. J. Agric. Sci., 16(3): 364-368.

Velkova-Jordanoska, L. e Kostoski, G. (2005): Análise histopatológica do fígado de *Barbus meridionalis petenyi* Hekel (*Barbus meridionalis petenyi* Hekel) fresco no reservatório Trebenista. Natura Croatica, 14: 147-153.

Velma, V. e Tchounwou, P.B. (2010): Efeitos bioquímicos, genotóxicos e histopatológicos induzidos pelo crómio no fígado e nos rins do peixe dourado, *Carassius auratus*. Mutat. Res., 698: 43-51.

Viarengo, A.; Lowe, D.; Bolognesi, C.; Fabbri, E.; Koehler, A. (2007): A utilização de biomarcadores na biomonitorização: uma abordagem em dois níveis para avaliar o nível de síndrome de stress induzido por poluentes em organismos sentinela. Comp. Biochem. Physiol., 146(3): 281-300.

Vicente-Martorell, J.J.; Galindo-Riaño, M.D.; García-Vargas, M.; Granado-Castro, M.D. (2009): Biodisponibilidade de metais pesados monitorando água, sedimentos e espécies de peixes de um estuário poluído. J. Hazard. Mater., 162: 823-836.

Vidal-Liñán, L.; Bellas, J.; Campillo, J.A.; Beiras, R. (2010): Utilização integrada de enzimas antioxidantes em mexilhões, *Mytilus galloprovincialis*, para monitorizar a poluição em zonas costeiras altamente produtivas da Galiza (NW Espanha). Chemosphere, 78: 265-272.

Vigh, P.; Mastala, Z.; Balogh, K.V. (1996): Comparação da concentração de metais pesados da carpa herbívora (*Ctenopharyngodon idella*) num lago eutrófico pouco profundo e num tanque de peixes (possíveis efeitos da contaminação alimentar). Chemosphere, 32: 691-701.

Vila-Gispert, A.; Zamora, L.; Moreno-Amich, R. (2000): Utilização do estado do barbo mediterrânico (*Barbus meridionalis*) para avaliar a qualidade do habitat em ecossistemas de ribeiras. Arch. für Hidrobiol, 148: 135145.

Vinodhini, R. e Narayanan, M. (2008): Bioacumulação de metais pesados em órgãos de peixes de água doce, *Cyprinus carpio* (carpa comum). Int. J. Environ. Sci. Tech., 5(2): 179-182.

Vinodhini, R. e Narayanan, M. (2009): O impacto dos metais pesados tóxicos nos parâmetros hematológicos da carpa comum (*cyprinus carpio* L.). Irão. J. Environ. Health Sci. Eng., 6(1): 23-28.

Vutukuru, S.S.; Chintada, S.; Madhavi, K.R.; Rao, J.V.; Anjaneyulu, Y. (2006): Efeitos agudos do cobre sobre a superóxido dismutase, a catalase e a peroxidação lipídica no peixe teleósteo de água doce, *Esomus danricus*. Fish Physiol. Biochem., 32: 221-229.

Vutukuru, S.S.; Prabhath, N.A.; Raghavender, M.; Yerramilli, A. (2007): Effect of arsenic and chromium on the serum aminotransferases activity in Indian Major Carp, *Labeo rohita*. Int. J. Environ. Res. Public Health, 4(3): 224-227.

Walczak, P.S. (1976): An introduction to the marine life of the Yemen Arab Republic (Uma introdução à vida marinha da República Árabe do Iémen*)*. PNUD/FAO, Projeto de Desenvolvimento das Pescas.

Wang, J.; Liu, R.H.; Yu, P.; Tang, A.K.; Xu, L.Q.; Wang, J.Y. (2012): Estudo sobre as caraterísticas de poluição de metais pesados na água do mar da Baía de Jinzhou. Procedia Environ. Sci., 13: 1507-1516.

Wang, W. e Rainbow, P.S. (2008): Abordagens comparativas para compreender a bioacumulação de metais em animais aquáticos. Comp. Biochem. Physiol, 148(C): 315-323.

Wang, Y.; Fang, J.; Leonard, S.S.; Rao, K.M. (2004): O cádmio inibe a cadeia de transferência de electrões e induz espécies reactivas de oxigénio. Free Rad. Biol. Med., 36: 1434-1443.

Wastney, M.E.; Aamodt, R.L.; Rumble, W.F. (1986): Análise cinética do metabolismo do zinco e sua regulação em humanos normais. Am. J. Physiol, 251: 398-408.

Watanabe, K.H.; Desimone, F.W.; Thiyagarajah, A.; Hartley, W.R.; Hindrichs, A.E. (2003): Qualidade dos tecidos de peixe no baixo rio Mississippi e riscos para a saúde decorrentes do consumo de peixe. Sci. Total Environ., 302(1-3): 109-126.

Weatherley, A.H. e Gill, H.S. (1987): Tissues and growth (Tecidos e crescimento). In: The biology of fish growth. St. Edmundsbury Press, Grã-Bretanha, pp. 147173.

Wepener, W.; Vuren van, J.H.J.; Preez, H.H. (2001): Absorção e distribuição de uma mistura de cobre, ferro e zinco nas brânquias, fígado e plasma de um teleósteo de água doce, *Tilapia sparrmanii*. Water SA, 27: 99-108.

Whittaker, P.; Ali, S.F.; Imam, S.Z.; Dunkel, V.C. (2002): Toxicidade aguda do ferro carbonílico e do EDTA de ferro sódico em comparação com o sulfato ferroso em ratos jovens. Regul. Toxicol. Pharmacol., 36: 280-286.

OMS (Organização Mundial de Saúde) (2008): Diretrizes da OMS para a qualidade da água potável. 3rd ed. Genebra, Organização Mundial de Saúde.

Windisch, W. (2002): Interação de espécies químicas com a regulação biológica do metabolismo de oligoelementos essenciais. Anal. Bioanal. Chem., 372: 421-425.

Winston, G.W. e Di Giulio, R.T. (1991): Mecanismos prooxidantes e antioxidantes em organismos aquáticos. Aquat. Toxicol., 19: 137-161.

Wong-ekkabut, J.; Xu, Z.; Triampo, W.; Tang, M.; Tieleman, D.P.; Monticelli, L. (2007): Efeito da peroxidação lipídica sobre as propriedades das bicamadas lipídicas: um estudo de dinâmica molecular. Biophys, 93: 4225-4236.

Wood, C.M. (2012): Uma introdução aos metais na fisiologia e toxicologia de peixes: princípios básicos. In: Wood, C.M., Farrell, A.P., Brauner, C.A. (Eds.), Homeostasis and toxicology of essential metals-fish physiology, vol. 31A. Elsevier, San Diego, pp. 1-51.

Wratten, M.L.; Vanginkel, G.; Vantveld, A.A.; Bekker, A.; Vanfaassen, E.E.; Sevanian, A. (1992): Efeitos estruturais e dinâmicos de fosfolípidos modificados oxidativamente em membranas lipídicas insaturadas. Biochem, 31: 10901-10907.

Wright, D.A. (1995): Interações entre metais vestigiais e iões principais em animais aquáticos. Mar. Pollut. Bull., 31: 8-18.

Wu, J.; Men, X.X.; Li, K. (2005): Fitorremediação de solos contaminados por chumbo. Soils, 37(3): 258-264.

Yacoub, A. (2007): Estudo de alguns metais pesados acumulados em alguns órgãos de três peixes do rio Nilo das províncias do Cairo e de Kalubia. Afr. J. Biol. Sci., 3: 9-21.

Yacoub, A.M. e Gad, N.S. (2012): Acumulação de alguns metais pesados e alterações bioquímicas em músculos de *Oreochromis niloticus* do rio Nilo no Alto Egito. Int. J. Environ. Sci. Eng., 3: 1-10.

Yang, J.L. e Chen, H.C. (2003): Effects of gallium on common carp (*Cyprinus carpio*): acute test, serum biochemistry, and erythrocyte morphology. Chemosphere, 53: 877-882.

Yap, C.K.; Chee, M.W.; Shamarina, S.; Edward, F.B.; Chew, W.; Tan, S.G. (2011): Avaliação da qualidade da água de superfície nas águas costeiras da Malásia usando análises multivariadas. Sains Malaysiana, 40: 1053-1064.

Yi, Y.J.; Yang, Z.F.; Zhang, S.H. (2011): Avaliação do risco ecológico de metais pesados em sedimentos e avaliação do risco para a saúde humana de metais pesados em peixes no curso médio e inferior da bacia do rio Yangtze. Environ. Pollut., 159: 2575-2585.

Yildirim, N. e Asma, D. (2010): Resposta do sistema de defesa antioxidante à toxicidade induzida pelo cádmio no fungo da podridão branca, *Phanerochaete chrysosporium*. Fresenius Environ. Bull., 19(12a): 3059-3065.

Yildirim, N.C.; Benzer, F.; Danabas, D. (2011): Avaliação da poluição ambiental no rio Munzur de tunceli aplicando biomarcadores de stress oxidativo em *capoeta trutta* (heckel, 1843). J. Anim. Plant Sci., 21(1): 66-71.

Yilmaz, A.B. (2003): Levels of heavy metals (Fe, Cu, Ni, Cr, Pb and Zn) in tissue of *Mugil cephalus* and *Trachurus mediterraneus* from Iskenderun Bay, Turkey. Environ. Res., 92(3): 277-281.

Yilmaz, A.B.; Sangun, M.K.; Yaglioglu, D.; Turan, C. (2010): Composição de metais (principais, essenciais a não essenciais) dos diferentes tecidos de três espécies de peixes demersais da Baía de Iskenderun, Turquia. Food Chem., 123(2): 410-415.

Yilmaz, F. (2009): A comparação das concentrações de metais pesados (Cd, Cu, Mn, Pb e Zn) nos tecidos de três peixes economicamente importantes (*Anguilla anguilla*, *Mugil cephalus* e *Oreochromis niloticus*) que habitam o lago Koycegiz-Mugla (Turquia). Turkish J. Sci. Tech., 4(1): 7-15.

Yilmaz, F.; Ozdemir, N.; Demirak, A.; Levent Tuna, A. (2007): Níveis de metais pesados em duas espécies de peixes *Leuciscus cephalus* e *Lepomis gibbosus*. Food Chem., 100(2): 830-835.

Yousafzai, A.M.; Chivers, D.P.; Khan, A.R.; Ahmad, I.; Siraj, M. (2010): Comparação da carga de metais pesados em dois peixes de água doce, *wallago attu* e *labeo dyocheilus*, no que respeita aos seus hábitos alimentares no ecossistema natural. Pakistan J. Zool, 42(5): 537-544.

Yousuf, R.; Mir, S.H.; Tanveer, S.; MZ, C.; MM, D.; Mir, M.S. (2012): Avaliação bioquímica comparativa de *Schizothorax niger* e *Cyprinus carpio* do rio Jhelum do vale de Caxemira. Res. J. Pharm. Biol. Chem. Sci., 3(4): 116-131.

Yu, R.; Yuan, X.; Zhao, Y.; Hu, G.; Tu, X. (2008): Poluição por metais pesados em sedimentos intertidais da Baía de Quanzhou, China. J. Environ. Sci., 20(6): 664-669.

Zaghloul, K.H. (2000): Efeito de diferentes fontes de água em alguns aspectos biológicos e bioquímicos da tilápia do Nilo; *Oreochromis niloticus* e do peixe-gato do Nilo; *Clarias gariepinus* Egito. J. Zool, 34: 353-377.

Zaghloul, K.H. (2001): Utilização de zinco e cádmio na inibição do efeito tóxico do cobre no peixe-gato africano; *Clarias gariepinus*. J. Egypt Ger. Soc. Zool., 35(C): 99-120.

Zaghloul, K.H.; Hasheesh, W.S.; Zahran, I.A.; Marie, M.A.S. (2007): Estudos ecológicos e biológicos sobre a Tilápia do Nilo, *Oreochromis niloticus* ao longo de diferentes locais do Lago Burullus. Egito. J. Aquat. Biol. Fish., 11(3): 57-88.

Zaghloul, K.H.; Omar, W.A.; Abdel-Khalek, A.A.; Abo-Hegab, S. (2011): Monitoramento ecológico do Mediterrâneo *Solea Aegyptiaca* transplantado para o Lago Qaroun, Egito. Aust. J. Bas. Appl. Sci., 5(7): 851-862.

Zaghloul, K.H.; Omar, W.A.; Abo-Hegab, S. (2006): Toxicidade específica do cobre em alguns peixes de água doce. Egito. J. Zool., 47: 383-400.

Zahedi, S.; Mirvaghefi, A.; Rafati, M.; Mehrpoosh, M. (2013): Acumulação de cádmio e parâmetros bioquímicos no esturjão persa juvenil, *Acipenser persicus*, após exposição subletal ao cádmio. Comp. Clin. Pathol, 22: 805-813.

Zaki, M.S.; Fawzi, O.M.; Moustafa, S.; Seamm, S.; Awad, I.; El-Belbasi, H.I. (2010): Estudos bioquímicos e imunológicos em Tilapia zilli expostos à poluição por chumbo e às alterações climáticas. Nat. Sci., 7(12): 90-93.

Zaki, M.S.; Mostafa, S.O.; Fawzi, O.M.; Khafagy, M.; Bayumi, F.S. (2009): Alterações clinicopatológicas, bioquímicas e microbiológicas na tainha cinzenta exposta ao cloreto de cádmio. Am-Euras. J. Agric. Environ. Sci., 5(1): 20-23.

Zhang, M.K. e Ke, Z.X. (2004): Metais pesados, fósforo e alguns outros elementos no solo urbano da cidade de Hangzhou, China. Pedosphere, 14(2): 177-185.

Zheng, N.; Wang, Q.C.; Liang, Z.Z.; Zheng, D.M. (2008): Caracterização das concentrações de metais pesados nos sedimentos de três rios de água doce na cidade de Huludao, Nordeste da China. Environ. Pollut., 154: 135-142.

Zhou, Q.; Zhang, J.; Fu, J.; Shi, J.; Jiang, G. (2008): Biomonitorização: uma ferramenta apelativa para a avaliação da poluição por metais no ecossistema aquático. Anal. Chimica. Ata, 606: 135-150.

Ziak, M.; Meier, M.; Novak-Hofer, I.; Roth, J. (2002): A ceruloplasmina transporta o glicano aniónico oligo/poly alfa 2,8 ácido deaminoneuramínico. Biochem. Biophys. Res. Commun., 295: 597-602.

Zikic, R.V.; Stajn, A.S.; Pavlovic, S.Z.; Ognjanovic, B.I.; Saicic, Z.S. (2001): Actividades da superóxido dismutase e da catalase em eritrócitos e transaminases plasmáticas de peixes dourados (*Carassius auratus gibelio* Bloch.) expostos ao cádmio. Physiol. Res., 50: 105-111.

Zutshi, B.; Prasad, R.G.S.; Nagaraja, R. (2010): Alteração na hematologia de *Labeo rohita* sob stress da poluição dos lagos de Bangalore, Karnataka, Índia. Environ. Monit. Assess., 168: 11-19.

I want morebooks!

Buy your books fast and straightforward online - at one of world's fastest growing online book stores! Environmentally sound due to Print-on-Demand technologies.

Buy your books online at
www.morebooks.shop

Compre os seus livros mais rápido e diretamente na internet, em uma das livrarias on-line com o maior crescimento no mundo! Produção que protege o meio ambiente através das tecnologias de impressão sob demanda.

Compre os seus livros on-line em
www.morebooks.shop

Printed by Books on Demand GmbH, Norderstedt / Germany